国家重点研发计划项目课题“现代化应急救援指挥理论体系”
（2022YFC3005701）资助成果

网络视域
地震灾害表达、决策与信息共享

王双燕◎著

·北京·

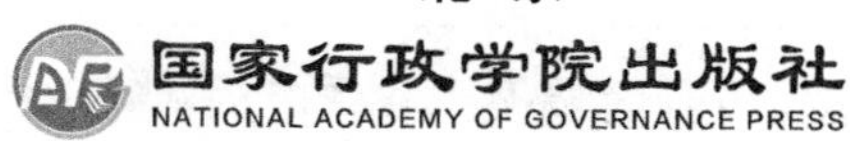

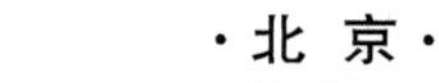

图书在版编目（CIP）数据

网络视域：地震灾害表达、决策与信息共享 / 王双燕著 . -- 北京：国家行政学院出版社，2024. 8.

ISBN 978-7-5150-2923-8

Ⅰ. P315.9

中国国家版本馆 CIP 数据核字第 2024K6Q169 号

书　　名	网络视域：地震灾害表达、决策与信息共享 WANGLUO SHIYU: DIZHEN ZAIHAI BIAODA、JUECE YU XINXI GONGXIANG
作　　者	王双燕　著
责任编辑	刘　锦
责任校对	许海利
责任印刷	吴　霞
出版发行	国家行政学院出版社 （北京市海淀区长春桥路 6 号　100089）
综 合 办	（010）68928887
发 行 部	（010）68928866
经　　销	新华书店
印　　刷	北京九州迅驰传媒文化有限公司
版　　次	2024 年 8 月第 1 版
印　　次	2024 年 8 月第 1 次印刷
开　　本	170 毫米 × 240 毫米　16 开
印　　张	14
字　　数	184 千字
定　　价	50.00 元

本书如有印装质量问题，可随时调换，联系电话：（010）68929022

前 言

随着现代社会中乌卡时代的特征越来越显著，经济社会所构成的系统、自然环境所构成的系统，以及两个系统之间都不断产生着相互影响。这种影响的直观体现是各类风险的涟漪性和系统性特征越发显著，复合型灾害发生的概率明显增高，这无疑对我们的应急管理理论和应急处置体制机制建设提出了新的挑战。正如习近平总书记所强调的："我国发展进入战略机遇和风险挑战并存、不确定难预料因素增多的时期，各种'黑天鹅'、'灰犀牛'事件随时可能发生，需要应对的风险挑战、防范化解的矛盾问题比以往更加严峻复杂。"[①]我们需要认识到当前发展时期的难题和痛点，探索解决问题的新方法，以解决机制性梗阻、优化创新性政策、突破关键性难题为目标，提升防范化解重大风险的能力，统筹发展和安全，以新安全格局保障新发展格局，推动高质量发展，为催生新质生产力提供支撑。

我国目前在指挥决策和应急处置方面尚未形成统一且标准化的运行机制和模式，大多数指挥中心是依靠应急处置经验来完善应急处置机制，这给实际的处置工作带来了许多难题，尤其是面对初次遇到的巨灾或大灾时，不同组织有不同的运作机制和模式，甚至不同的专业术语，组织间的专业壁垒、数据壁垒、沟通壁垒都会导致不同组织在协作时产生摩擦和阻力，影响整体的应急响应效率。显然，如果不同组织无法找到灵活组合的

① 习近平.为实现党的二十大确定的目标任务而团结奋斗［J］.求是，2023(1).

方式，就无法灵活适应突发事件的突变性和突发性，而应急处置机制的标准化建设则是不同组织达成共识、消除壁垒、高效协同和合作的有效方式。

完善突发事件应急处置的标准化建设、凝练形成具有共识的标准化机制需要从突发事件应急处置过程中的诸多细节入手并不断打磨和优化，大到应急体制机制的完善，小到某项任务的行动方案，都需要纳入标准化建设当中。本书并非主要讨论如何完善突发事件应急处置的标准化建设，这个话题太过庞大，但本书希望通过对应急处置中一些共性、通用组成部分进行分析研究，为完善突发事件应急处置标准化建设提供一定的基础。

突发事件复合性和复杂性在不断增大，仅依靠简单的逻辑和线性思维已经无法掌握突发事件发生发展过程的全貌，而复杂网络理论和网络分析视角以及知识图谱的表达方式为我们开展突发事件案例研究、应急处置过程的分析提供了新的思路。本书主要探讨了突发事件应急处置过程研究中的三个重点要素：一是案例的结构化表达。突发事件应急处置标准化建设离不开对突发事件案例的研究和经验的学习，对案例进行结构化表达能够为形成结构化案例库、开展系统性案例分析提供支撑。本书基于知识图谱探索构建面向突发事件的本体模型，以形成突发事件案例的结构化表达模板，为更多案例的分析提供统一的表达框架。二是决策部署行为分析。突发事件应急处置主要涉及哪些处置行动和任务？在面对灾情时决策者的决策部署共性特征和差异性特征有哪些？这些因素会直接影响应急处置目标和过程。目前，关于这部分的研究和分析较少，本书从网络视角出发，通过研究突发事件应急任务标准化列表，针对决策部署数据开展网络构建与分析，研究突发事件下的决策部署行为偏好，总结我国在突发事件应对上决策的典型特征和基本原则，厘清我们在突发事件应对中具体设立什么目标、开展什么工作。三是应急组织间的信息共享研究。信息是贯穿突发事件应急处置全过程的核心要素，与决策、态势、任务等息息相关。信息如何在应急组织体系内传递和共享，直接影响应急组织体系的整体响应效率和质量。我们国家在突发事件下现有的信息共享过程是怎样的？存在哪些特点和问题？弄清楚这些，对优化应急处置机制十分重要。本书依旧结合复杂网络及其分析视角对应急组织间的信息共享过程进行了刻画和分析，从信息传递和演化过程中掌握我国开展突发事件应对的基本逻辑和典型特征。

案例的结构化表达、决策部署行为分析、信息共享过程研究都是从不同切入角度研究突发事件的应急处置过程，看似分离实则相互交叉，案例的结构化表达所呈现的内容是决策部署和信息共享的产物，相对而言，决策部署和信息共享是从更微观的层面剖析突发事件的处置逻辑，前者是从决策者的角度，后者是从突发事件动态演化的角度。总而言之，案例表达、决策与信息共享都是开展案例研究和突发事件应急处置过程研究的核心要素。

考虑到地震灾害的复杂性和复合性，本书主要以地震灾害为例开展相关研究和分析。地震灾害中涉及多种类型次生衍生灾害的演化和融合，包含人员搜救、转移安置、基础设施修复和保护、信息发布和舆情引导、力量调度、现场管理、秩序维护等多个方面的处置任务，复杂的态势演变和灾情融合十分考验指挥决策者的统一指挥和统筹协调能力以及各专业部门的专业处置能力。在案例选择上，本书选择了2022年的“9·5”泸定地震灾害，该地震发生在四川省甘孜州泸定县，震级6.8级，地震造成93人遇难（其中泸定县55人、石棉县38人）、25人失联（其中泸定县9人、石棉县16人）、3000余人不同程度受伤。与其他地区地震灾害不同的是，甘孜州地形地貌复杂，发生地震灾害后的处置难度和救援难度更大。并且，

"9·5"泸定地震是甘孜州境内有记录以来发生的震级最大的地震，这对于甘孜州和泸定县而言无疑是一种挑战。"9·5"泸定地震灾害还造成大量建筑物和基础设施受损，受灾群众多达13.1万人，新增地质灾害隐患点562个，这导致未来3年全州泥石流等次生灾害可能出现高发频发。

本书所呈现的研究内容仅仅是目前突发事件应急处置过程研究的一部分，在应急指挥体系、指挥中心运作机制、事故现场管理、多组织间协同等方面研究团队仍在继续深入研究。本书能够展现如此丰富的内容，非常感谢邓云峰老师、潘乐文宇、冯永康、严道正、魏铭阳等的大力支持，大家各自擅长领域不同、研究方法不同，但能够在多次研讨中产生新的共鸣和想法，是团队之幸。我们将持续完善和深入这部分的研究，形成更突出的研究成果。

王双燕

2024年5月

目 录

01 第一部分
案例表达：地震灾害知识图谱构建及分析

02 第二部分
决策分析：地震灾害决策部署行为规律研究

03 第三部分 信息共享：地震灾害信息共享过程研究

04 附录 案例梳理：“9·5”泸定地震灾害应急处置过程

第一部分

案例表达：地震灾害知识图谱构建及分析

知识图谱是用图的形式来表现概念和实体及其之间关系的方法，一张知识图谱可以包含诸多概念、实体，犹如一个知识库一般，可以围绕某些关键词将与其相关的各种知识、概念相关联起来。这个知识库不仅能表现与关键词相关的知识和概念，还能表现这些知识概念之间的相互关系。知识图谱显然在语义分析、知识关联、数据处理等方面具有显著优势。结合机器学习等算法还能开展基于数据和知识图谱的预测，实现知识推理。知识图谱作为一种通用型的研究方法，其优势也可以应用在应急管理研究领域。围绕灾害的知识图谱构建可以直观展示灾害发生发展态势、不同阶段的应急决策和响应措施、参与地震灾害的主体等实体概念及其之间的关系，将抽象复杂的灾害过程用知识关系加以描述和呈现。这部分内容重点叙述了针对地震灾害的知识图谱构建过程、本体模型以及实例应用，并围绕泸定地震图谱进行了应急指挥组织体系、应急任务实施情况等内容的具体分析，图谱表达案例的直观性和可读性可见一斑。

第一章

地震灾害知识图谱本体模型构建

一、地震知识图谱研究现状

目前，围绕地震灾害开展的知识图谱构建已经有一定研究基础，但是并不多且现有研究在知识图谱本体模型的构建上各有侧重，可为本书中地震灾害知识图谱的构建提供思路。例如，何玉杰等人基于地震灾害相关的国家标准和行业标准提取了地震灾害有关的常用术语，并基于术语设计了防震减灾公共服务知识图谱模式层，定义了地震速报服务产品属性和地震标准类型产品的属性。[①]但这些术语主要用于描述地震灾害灾情演化态势，如地震速报、地震基本参数、发震时刻、震级、震中位置、震源深度等。因此，其知识图谱所设计的公共服务仅限于地震速报以及与底层数据相关的地震灾害标准，同时也缺乏具体案例实践。贺海霞等人以2008年“5·12”汶川地震为例，构建了一个地震灾害知识图谱，以基础背景、致灾因子、灾情及险情、应急处置定义了地震灾害四元组，用于构建地震灾害应急管理知识图谱模式层，如表1-1至表1-4包含了不同实体的类别和属性。[②]这四元组类别基本上包含了地震灾害应急管理全过程，但前三个一

① 何玉杰，林健富，何少林.防震减灾公共服务知识图谱构建探究［J］.华北地震科学，2022，40(3)：16-20.

② 贺海霞，刘涛，杜萍.地震灾害应急管理知识图谱构建研究［J］.兰州交通大学学报，2023，42(3)：113-123.

级类主要描述灾害态势和次生衍生灾害、气象、环境等因素，只有应急处置一级类中包含了主要的应急处置行动或任务。从应急响应视角出发，本书更侧重描述地震灾害中不同环境、态势、次生衍生灾害背景下作为应急处置方应该完成的主要行动或任务以及相应的实施主体及其之间的关系，因此，本书会侧重对应急响应阶段的各实体进行更为细致的划分和描述。贺海霞等人在此方面的研究已奠定很好的基础。除此之外，还有些学者会倾向于构建面向地震灾害防治的知识图谱，如表1–5所示[①]。其中包括地震领域理论知识、抗震减灾策略、基础信息、地震防治功能服务四个一级类，从其二级类可以看出该知识图谱主要与地震灾害本身的相关研究、预防有关，与应急管理相关度不大，但可作为基础文献进行借鉴。综上，当前研究主要针对地震灾后防治方面，缺少对地震应急过程中行动大类的研究。

表 1–1　基础背景分类

一级类	二级类	属性
震中地形	（无）	震中5千米范围内平均海拔、其他描述
周边县市	周边县	名称、距震中距离、人口、其他描述
	周边市	名称、距震中距离、人口、其他描述
附近村镇	5千米村庄	名称、距震中距离、人口、其他描述
	20千米乡镇	名称、距震中距离、人口、其他描述
历史地震	（无）	震级、发震时刻、纬度、经度、震源深度、参考位置、其他描述
震中天气	（无）	时间、地点、最高气温、最低气温、干湿状态、阴晴状态、降水情况、其他描述
地质环境	地震带	地震带名称、位置、其他描述
	断裂带	断裂带名称、位置、其他描述
	构造带	构造带名称、位置、其他描述

① 谢炎宏，王亮，董春，等.面向地震灾害防治的知识图谱构建方法研究［J］.测绘科学，2021，46(10)：219–226.

表 1–2　致灾因子分类

一级类	二级类	属性
原生致灾因子	地震	名称、震级、发展时刻、纬度、经度、震源深度、参考位置、震中烈度、地震类型、地震序列类型
次生致灾因子	泥石流	发生时间、发生地点、灾害类别、灾害级别、泥石流体积
	崩塌	发生时间、发生地点、灾害类别、灾害级别、崩塌体积
	滑坡	发生时间、发生地点、灾害类别、灾害级别、滑坡体长度、滑坡体宽度、滑坡体厚度
	堰塞湖	发生时间、发生地点、灾害类别、灾害级别、堰塞体体积
	火灾	发生时间、发生地点、灾害类别、灾害级别
	放射性污染	发生时间、发生地点、灾害类别、灾害级别

表 1–3　灾情及险情分类

一级类	二级类	属性
灾情	人口受灾	受灾人口、死亡人口、失踪人口、紧急转移安置人口、受伤人口
	房屋受灾	倒塌房屋数量、损坏房屋数量、经济损失
	工矿企业受灾	厂房损毁面积、受灾工矿企业数目
	交通系统受灾	损坏铁路长度、损坏公路长度、状态描述、位置
	电力系统受灾	损坏输电线路长度、状态描述、位置
	燃气系统受灾	状态描述、位置
	通信系统受灾	损坏通信线路长度、损坏通信基站数量、状态描述、位置
	供排水系统受灾	损坏供水管线长度、状态描述、位置
	水利工程受灾	损坏水库数量、状态描述、位置
	农业受灾	损坏耕地面积、农作物受灾面积、损坏林地面积、经济损失
	经济损失	直接经济损失
险情	（无）	状态描述、受威胁人口、潜在经济损失

表 1–4　应急处置分类

一级类	二级类	属性
应急响应	启动应急响应	应急主体、应急客体、任务描述、所属阶段、应急响应等级、响应类型、响应行动
	搜救受灾人员	应急主体、应急客体、任务描述、所属阶段、行动、队伍人数、搜救犬数量、搜救仪器

续表

一级类	二级类	属性
应急响应	卫生防疫	应急主体、应急客体、任务描述、所属阶段、行动、物资保障（消毒药品）
	医疗救治	应急主体、应急客体、任务描述、所属阶段、行动、医疗物资（救护车、药品和医疗器械）
	安置受灾群众	应急主体、应急客体、任务描述、所属阶段、行动、物资供应（帐篷数量、被子数量、折叠床数量、农药数量、活动板房数量）
	抢修基础设施	应急主体、应急客体、任务描述、所属阶段、行动
	加强现场监测	应急主体、应急客体、任务描述、所属阶段、行动
	防御次生灾害	应急主体、应急客体、任务描述、所属阶段、行动
	维护社会治安	应急主体、应急客体、任务描述、所属阶段、行动
	信息上报	应急主体、应急客体、任务描述、所属阶段
	灾情调查与快速评估	应急主体、应急客体、任务描述、所属阶段、方法
恢复重建	灾情综合评估	应急主体、应急客体、任务描述、所属阶段、方法
	灾后恢复重建	应急主体、应急客体、任务描述、所属阶段

表 1–5　地震灾害防治实体类型、结构和属性

一级类	二级类	三级类	属性
地震领域理论知识	地震理论研究	地震基础概念	释义、概念说明、层次关系等
		相关原理理论	理论定义、原理内容、层次关系等
	模型方法研究	地震预报模型	预报类型、文字说明、公式、相关参数、模型等
		地震对策模型	对策类型、概念关系、文字说明、模型结构等
		风险评价模型	概念、风险类型、模型结构、相关理论等
抗震减灾策略	相关法律法规	相关国家标准	面向对象、适用范围、法律年限、条文内容等
		国家法律法规	面向对象、适用范围、法律年限、条文内容等
		地方法律法规规范	面向对象、适用范围、法律年限、条文内容等
	预防监测策略	监测对象	监测对象、面向场景、监测内容等
	区域应对预案	地震应急预案	策略类型、面向场景、用户类型、策略内容等
		震后处理策略	策略类型、面向场景、用户类型、灾害类型、策略内容等

续表

一级类	二级类	三级类	属性
抗震减灾策略	个人抗震措施	地震预防措施	措施内容、灾害类型、准备工作、注意事项等
		抗震避难手段	使用场景、灾害阶段、避难措施、注意事项等
基础信息	地表覆盖信息	自然资源对象	类型、地理特征、质量、地形地貌等
		人工地物对象	名称、位置、类型、功能、管理部门、运营情况等
		社会对象	名称、地理位置、部门分类、职责、管理对象等
	专题监测信息	地震监测信息	数据类型、获取时间、监测范围、属性信息等
		地质监测信息	地质活动类型、数据类型、范围、时间、属性等
		气象水文监测信息	监测区域、数据类型、时间、数据来源、属性等
	社会统计信息	社会经济信息	数据年限、区域、数据内容、属性信息等
		地区人口信息	数据年限、区域、数据内容、属性信息等
地震防治功能服务	相关信息服务	地理信息展示	区域类型、要素类型、展示形式、内容等
		地震环境信息服务	地震分区、区域构造、展示形式、环境信息等
		防震减灾信息查询	面向场景、用户类型、展示形式、策略内容等
	震灾分析评价	地震风险评估	灾害种类、易发程度、灾害规模、危险性等
		震害分析	震害类型、地震烈度、结构类型、分析内容等
		次生灾害分析	场景类型、致灾因子、次生灾害信息、治理措施等

二、地震灾害知识图谱本体模型构建方法

FOAF（Friend of a Friend）是一个旨在使用网络链接人和信息的方法，[①]FOAF定义了一组名为属性和类的术语，使用W3C（World Wide Web Consortium，万维网联盟，简称W3C）标准的RDF技术。FOAF的核心包括描述人和社交群体特征的类和属性，这些特征不随时间和技术的变化而变化。此外，FOAF还包括用于描述互联网账户、地址簿和其他基于网络

① 王志宇，刘雨薇.基于政务微博的自然灾害知识图谱构建：以森林火灾为例［J］.现代情报2024(3).

活动的一些类别、属性、关系的术语。例如，“foaf：Agent”表示任何可以采取行动的实体，如人、组织或软件系统；“foaf：name”用于指定一个实体（如foaf：Person、foaf：Group、foaf：Project等）的名称；“foaf：knows”表示两个foaf：Person之间的社交关系，即一个foaf：Person认识另一个foaf：Person。

FOAF文档通常以RDF/XML格式编写，但也可以使用其他RDF序列化格式，如Turtle或JSON-LD。FOAF是一个成熟的本体模型，它包括实体类、关系类和属性类。这些类别为描述社交网络中的人员和组织提供了一种结构化的方法。实体类可以用来表示地震灾害知识图谱中的各种实体，如受灾地区、救援组织、救援项目等。关系类用于描述实体之间的关系，如救援组织之间的合作关系、救援项目与受灾地区之间的关联关系等。属性类用于描述实体的属性，如受灾地区的受灾程度、救援组织的救援人数等。

FOAF作为地震灾害知识图谱本体模型的构建参考，可以提供一种结构化和标准化的方法来描述地震灾害领域中的各种实体、关系和属性。通过参考FOAF的实体类、关系类和属性类，可以构建一个具有一致性和可扩展性的地震灾害知识图谱，为地震灾害管理、救援决策和科学研究提供支持。

知识图谱本体模型的构建目标是确定实体类型、关系类型和属性类型。知识图谱本体模型构建方法包括骨架法、七步法、TOVE法等，其中斯坦福大学的领域知识图谱本体构建七步法具有较强的实用性。[①]本体构建七步法各个步骤间具有明确的关联性和逻辑性，通过构建本体模型进一步明确领域专业知识间的关系。本体是一个是脱胎于哲学的概念，在计算机科学与信息科学领域它是指一种形式化的、对共享概念体系的明确而又详

① 吴冕，余海涛，史博会，等.天然气市场知识图谱本体构建［J］.油气与新能源，2022，34（6）：71-76，81.

细的说明。本体模型用于指导我们在特定的领域范围内，对领域内的术语及概念进行认知建模，定义领域知识的知识结构模式。

Protégé 软件是斯坦福大学使用Java语言开发的本体编辑和知识获取软件，是一种常用的本体开发工具，也是一种基于知识的编辑器。使用Protégé 软件进行本体模型的可视化，使抽象程度较高的本体模型具备可读性，帮助人们更好地理解领域知识结构模式。[①]

（一）实体类构建

经由研究组讨论，按照“什么时间、发生了什么事、是谁、依靠什么组织形式得到什么命令、需要什么支持、做了什么事情、产生了什么信息/数据”的逻辑设计地震灾害知识图谱本体模型的一级类，即人物、时间、数据、物理空间、目标-行动-任务、灾害、指令、资产、组织，根据一级类设计二级和三级类以及主要类属性，如表1-6所示，为各一级、二级类具体定义。

表 1-6　本体模型定义

一级类	二级类	实体类型	定义
人物	个体	人物-个体	①在灾害事件中出现的领导人物 ②在灾害事件中出现的主要人物
	群体	人物-群体	灾害事件中涉及的人群
时间	时间节点	时间-时间节点	灾害事件中的具体时间点
	时间段	时间-时间段	灾害事件中的一段时间
	阶段	时间-阶段	灾害事件的阶段
数据	数据		整个灾害事件系统产生的信息与数据
物理空间	地理名称	物理空间-地理名称-区域名称	灾害事件发生地的区域名称
		物理空间-地理名称-地形地貌	灾害事件发生地的地形地貌

① 罗婷婷，李娇，鲜国建，等.基于OWL+SKOS的期刊本体构建与应用［J］.数字图书馆论坛，2018（12）：49-54.

续表

一级类	二级类	实体类型	定义
物理空间	地理名称	物理空间－地理名称－经纬度	灾害事件发生地的经纬度
		物理空间－地理名称－行政名称	灾害事件发生地的行政名称
	空间关系	物理空间－空间关系	灾害事件发生地之间的空间关系
目标－行动－任务	目标	目标－行动－任务	应急处置中所包含的各项应急处置目标、行动、任务
	行动		
	任务		
灾害	地震灾害	灾害－地震灾害－次生衍生事件	灾害导致的次生衍生事件
		灾害－地震灾害－直接影响	灾害导致的直接影响
指令	指令		上级组织的指示批示、部署要求
资产	应急物资	资产－应急物资	用于应急的资产
	救援设备	资产－救援设备	在救援行动中使用的各种工具、器材和设备
	设施	资产－设施	不可以移动的资产
组织	力量	组织－力量	由单位派出的队伍
	单位	组织－单位	企事业单位
	其他临时组织	组织－其他临时组织	除了指挥组织外临时成立的组织
	指挥组织	组织－指挥组织	指挥部

1. 灾害

灾害类本体是根据国家标准、学术文献以及灾害管理的实践需求精心构建的知识体系。它的核心目的是对地震等灾害现象进行全面的描述和分类，从而为灾害防范、应对和减灾工作提供坚实的理论基础和实践指导。通过灾害类本体，我们可以系统地识别和定义不同类型的灾害，包括它们的成因、发展过程、影响范围以及可能带来的后果。这种分类和描述不仅有助于深化对灾害本质和特点的理解，还能够促进跨学科的研究合作，提高灾害管理的效率和效果。简而言之，灾害类本体是理解和应对地震灾害的关键工具，它为相关领域的专业人士和决策者提供了宝贵的知识资源。

（1）国家标准

《自然灾害分类与代码》[①]根据自然灾害的性质和发生原因，将自然灾害分为多个类别，如地震、火山喷发、洪水、干旱、台风、暴雨、雪灾、冰冻等。每个类别下又细分为不同的子类别，如地震可分为构造地震、火山地震、塌陷地震等。同时，该标准还为每个类别和子类别分配了相应的代码，以便于数据管理和信息交流。本书涉及的研究主要围绕地震灾害，因此设置灾害-地震灾害二级类。

（2）受灾情况

王志宇等人指出灾害本体模型可以考虑受灾人数、死亡人数、受伤人数等，[②]表1-7为王志宇等构建的概念本体模型，本研究可以进行参考。此外，本研究灾害本体模型还考虑了其他受灾情况，如房屋倒塌、道路受损、电力设施受损等。根据泸定地震的报送信息，我们可以梳理出受灾情况的种类和严重程度，并依据该实例设计知识图谱中灾害类的子类及属性。基于实例形成的图谱更能在危机状态下为决策者提供不同时态下可能的灾情情况，包括灾损情况，从而为救灾决策提供有力的依据[③]。例如，地震报送信息可以明确的受灾情况种类，主要包括人员伤亡、房屋倒塌、道路受损、电力设施受损等。如以下为泸定地震某次报送信息中涉及的受灾情况：

已初查民房垮塌243间、受损13010间，公共建筑垮塌2栋、受损142栋，宾馆、酒店、民宿等垮塌4栋、受损307栋；省道434线磨西镇往泸定

① 中华人民共和国国家质量监督检验检疫总局，中国国家标准化管理委员会.自然灾害分类与代码［EB/OL］.https://openstd.samr.gov.cn/bzgk/gb/newGbInfo?hcno=68752687342B46C370F984DAD03C49BA.

② 王志宇，刘雨薇.基于政务微博的自然灾害知识图谱构建：以森林火灾为例［J］.现代情报，2024（3）.

③ 王益鹏，张雪英，党玉龙，等.顾及时空过程的台风灾害事件知识图谱表示方法［J］.地球信息科学学报，2023，25（6）：1228-1239.

方向出场口路基垮塌断道50余米、开裂150余米，省道434线泸定县城金光村至磨西镇段多处因边坡垮塌、飞石断道，泸石高速YJ6标道路断道；1座中型水库水电站、6座小型水库水电站一般严重受损，泸定县供水工程震损7处；16条10千伏线路失电……

表 1-7 概念本体的数据属性 ①

数据属性	数据属性阐释	定义域	值域
微博名称（FMO：microblogName）	政务微博的名称	发布者（DC.Creator）	rdfs：literal
发布时间（FMO：releaseTime）	政务微博发布的具体时间		xsd：dateTime
微博网址（FMO：microblogURL）	政务微博的主页网址		xsd：URL
主题说明（FMO：subjectDescription）	主题的主要内容	主题（FOAF：Subject）	rdfs：literal
关键词（FMO：keyword）	主题下的高频词		rdfs：literal
机构名称（FMO：institutionName）	机构的名称	机构（FOAF：Institution）	rdfs：literal
所属地区（FMO：institutionRegion）	机构所在地		rdfs：literal
组织名称（FMO：organizationName）	救灾组织的名称	救灾组织（FMO：Relief_organization）	rdfs：literal
所属地区（FMO：organizationRegion）	救灾组织所在地		rdfs：literal
所属组织（FMO：affiliatedOrganization）	人物所在组织		rdfs：literal
救灾事迹（FMO：disasterRelief）	救灾过程中的英雄事迹	救灾人物（FMO：Relief_people）	rdfs：literal
出生地（FMO：birthplace）	救灾人物的出生所在地		rdfs：literal
失联人数（FMO：missingNumber）	灾害发生后失联的人数		xsd：integer

① 王志宇，刘雨薇. 基于政务微博的自然灾害知识图谱构建：以森林火灾为例［J］. 现代情报，2024（3）.

续表

数据属性	数据属性阐释	定义域	值域
死亡人数（FMO：deathNumber）	灾害发生后死亡的人数	受灾范围（FMO：Disaster_area）	xsd：integer
受伤人数（FMO：injuredNumber）	灾害发生后受伤的人数		xsd：integer

（3）次生衍生事件

在地震灾害中，地震本身及其引发的次生和衍生事件是最为常见的灾情类型。这些事件通常包括燃气泄漏、电线短路、水利设施破坏、堰塞湖、滑坡、泥石流等。这部分设计可以参考历年来多次大地震案例中的次生衍生事件以及案例受灾情况所呈现出的连锁性事件。

综上，在本书的地震灾害知识图谱本体模型中，将灾害类本体划分为两个三级类：灾害－地震灾害－直接影响；灾害－地震灾害－次生衍生事件。其中，灾害－地震灾害－直接影响用来表示灾害导致的直接影响，如人员伤亡等受灾情况；灾害－地震灾害－次生衍生事件用来表示灾害导致的次生衍生事件，如房屋倒塌、道路受损、电力设施受损等因地震引发的连锁性事件。

2. 时间

时间类本体在地震灾害知识图谱中专注于处理与时间相关的概念、实体和关系。这类本体包括但不限于具体的时间点、时间段以及不同事件之间的时序关系。通过精确记录地震发生的时间、持续时间、救援行动的时间节点等关键信息，时间类本体为理解和分析地震灾害的进展和影响提供了必要的时间维度信息。这对于灾害应对、救援协调以及灾后重建等工作至关重要，使得相关决策者能够基于准确的时间信息作出更加有效的策略和安排。

（1）阶段类

灾害发生发展过程是一个顺序过程，灾害之间存在不同的时序关系。朱海铭等人从13种时态拓扑关系中选择了8种时态关系来描述原生和次生灾害的时序性。如equal：两个灾害事件发生和结束时间一致；starts：原生与次生灾害事件同步开始，但原生灾害先结束；started：原生灾害先于次生灾害开始，但晚于次生灾害结束；contain：原生次生灾害同步开始，次生灾害优先结束；overlaps：原生灾害先于次生灾害开始与结束等。[①]邱芹军等人所构建的本体模型主要采用时间点和时间段来表示事件之间的时间关系，时间点主要用于描述事件发生或结束在某个时刻，时间段用于描述事件开始和结束经历的时间区间[②]。用时间点和时间段可以形成与朱海铭等人的时间关系相似的描述，即将某个事件的开始时间点、结束时间点、发生时间段分开描述，可以形成如“发生在……之前”“在……期间”“相连”“同时开始先结束”等时间关系。本书可以借鉴和参考这些事件间的时间关系。除此之外，在应急管理领域，我们通常习惯于对突发事件的发生发展过程按照不同时间阶段进行划分，如日常保障、监测预警、应急响应、后期处置等，[③]应急阶段划分的方式也同样适用于地震灾害知识图谱。尤其是当事件发生发展的信息类型诸多、描述不一致时，运用多种方式呈现多个事件的时间关系更合理，也更利于理解。

（2）时间节点

在描述具体时间点时，基于“9·5”泸定地震案例的实际情况，本书计划采用精准方式描述事件发生的时间点，如202×年12月24日19时××分，一个具体到小时和分钟的时间点可以视为图谱中的一个节点。这种表

① 朱海铭，林广发，张明锋，等.基于灾害风险普查知识库的台风灾害链知识图谱构建［J］.灾害学，2023，39（1）：1–12.

② 邱芹军，吴亮，马凯，等.面向灾害应急响应的地质灾害链知识图谱构建方法［J］.地球科学，2023，48（5）：1875–1891.

③ 周义棋，刘畅，龙增，等.电网应急预案知识图谱构建方法与应用［J］.中国安全生产科学技术，2023，19（1）：5–13.

述方式非常利于知识图谱展示灾害发生发展的大事记。

综上，将时间类本体划分为三级类：时间－时间节点，用来表示灾害事件中的具体时间点；时间－时间段，用来表示灾害事件中的一段时间；时间－阶段，用来表示灾害事件的应急阶段。

3. 数据

数据类本体在地震灾害知识图谱中负责表征整个灾害事件系统产生的信息和数据。这一类本体不包含实体子类，而是主要通过属性类来进行细致的划分。这意味着，数据类本体关注的是灾害相关数据的各种属性，如数据的类型、来源、采集时间、精度以及数据的处理和分析方法等。通过对这些属性进行详细的分类和描述，数据类本体能够确保知识图谱中的数据部分既系统又详尽，从而支持对地震灾害的深入分析和有效应对。目前，围绕灾害构建的数据类并没有太多可借鉴的研究，但与数据类有关的研究尚可参考。如郑荣等人在其知识图谱模型中对产业数据要素进行分解，主要包含数据结构、数据类型、数据内容、数据来源、数据模态、数据流通形态等维度。[①]在此基础上，本书从地震灾害构建知识图谱的需求出发，对数据类属性分类设计如表1－8所示，其中，数据结构分为结构化、半结构化、非结构化，如信息通报为结构化数据、口头报送为非结构化数据；因为突发事件中的信息同时传播同时处理，所以本书还对数据处理的阶段进行了设计，如一次数据、二次数据、三次数据等；数据时间表示数据产生的时间，一方面决策要依据历史数据，另一方面又要依靠实时数据。数据类是本书本体模型构建中的一个尝试，因为数据与其他类的耦合性较强，数据类具体的呈现形式还需要以实际案例为准，并在实际案例需求下不断完善和调整。

---

① 郑荣，高志豪，王晓宇，等.复杂信息环境下的产业数据安全治理：概念界定、治理体系与场景实践［J］.情报资料工作，2024（2）.

表 1-8　数据类属性分类

分类类型	数据要素
数据结构	结构化数据、半结构化数据、非结构化数据
数据内容	机密数据、非机密数据 / 公开数据、非公开数据
数据等级	Ⅰ级数据、Ⅱ级数据、Ⅲ级数据
数据来源	系统内部、系统外部
数据模态	图片、视频、文本、语音
数据处理	一次数据、二次数据、三次数据 / 一阶数据、二阶数据、三阶数据
数据时间	历史数据、实时数据
数据形态	静态数据、动态数据

4. 物理空间

物理空间类本体在地震灾害知识图谱中详尽地描述了灾害中各个实体在物理空间中的定位与分布。具体而言，这一类本体涵盖了诸如区域名称、地形地貌特征、精确的经纬度坐标、行政名称以及不同地理实体间的空间关系等关键概念。通过这些详细的空间信息，我们能够更加全面地理解地震灾害的影响范围、地形对灾害的影响，以及不同地区间的相互关系。这样的本体模型为灾害分析和应对策略提供了坚实的基础。

（1）地理名称

地理名称类实体为地震灾害知识图谱提供了一个精确的地理空间框架，为理解和分析地震影响提供了地理空间的基础信息，有助于更好地理解地震的影响、制定有效的应对策略。主要包括以下几个方面。

区域名称，指的是与地震相关的具体地理区域的名称，如城市、城镇、乡村、街道等。这些信息有助于精确地定位地震发生的地点。

行政名称，涉及行政区划的名称，如省、市、县等。行政名称有助于理解地震影响的行政区域范围，以及相关的政府响应和资源调配。

经纬度，是地震发生地点的精确地理坐标。经纬度信息对于确定地震的位置、追踪地震的移动路径以及评估地震的影响范围至关重要。

地形地貌，包括地震发生区域的地形和地貌特征，如山脉、河流、平原等。地形地貌信息有助于分析地震对特定地形区域的影响，以及这些地形特征如何影响地震波的传播和灾害的扩散。

（2）空间关系

朱海铭等人对空间关系类实体进行了划分，在空间位置上，两个实体A和B可能具有相离关系、相交关系、包含关系、相等关系和被包含关系。[①]更甚者，邱芹军等人将空间关系类实体分为拓扑关系、距离关系、方位关系等，[②]其中，拓扑关系可分为相交、相等、相邻等，这与朱海铭等人的设计相似，距离关系更多倾向于定性的描述，如远、近、适中等，方位关系与实际地理关系一致，即东南西北等。这些空间关系分类可作为本书构建模型的参考。

综上，将物理空间类本体划分为三级类：物理空间－地理名称－区域名称，用来表示灾害事件发生地的区域名称；物理空间－地理名称－地形地貌，用来表示灾害事件发生地的地形地貌；物理空间－地理名称－经纬度，用来表示灾害事件发生地的经纬度；物理空间－地理名称－行政名称，用来表示灾害事件发生地的行政名称；物理空间－空间关系，用来表示灾害事件发生地之间的空间关系。

5.人物

人物类本体在地震灾害知识图谱中专注于描述和分类与地震灾害相关

① 朱海铭，林广发，张明锋，等.基于灾害风险普查知识库的台风灾害链知识图谱构建［J］.灾害学，2024，39（1）：1–12.

② 邱芹军，吴亮，马凯，等.面向灾害应急响应的地质灾害链知识图谱构建方法［J］.地球科学，2023，48（5）：1875–1891.

的个人与群体。这类本体涵盖了多种角色，如受灾者、救援人员、政府官员、科学家、志愿者等。通过对这些人物进行详细的分类和描述，人物类本体有助于记录和展现他们在地震灾害中的职责、行动以及相互之间的关系。

本书将人物类本体划分为二级类。即人物－个体，用来表示①在灾害事件中出现的领导人物，除习近平总书记等党和国家领导人外，均以职务代称；②在灾害事件中出现的主要人物。人物－群体，用来表示灾害事件中涉及的人群。

6.组织

组织类本体专注于描述和分析与地震灾害相关的各种组织实体。这些组织可能包括政府部门、非政府组织、救援队伍、企事业单位、指挥部及临时成立组织等。组织类本体详细记录了这些组织的性质、职能、结构和在灾害应对中的角色。

将组织类本体划分为二级类：组织－力量，用来表示由单位派出的队伍；组织－单位，用来表示企事业单位；组织－其他临时组织，用来表示除了指挥组织外临时成立的组织；组织－指挥组织，用来表示指挥部。

7.资产

资产类本体在地震灾害知识图谱中负责描述和分析与地震灾害相关的各类资产信息。这些资产可能包括建筑物、基础设施、救援装备、应急物资等。资产类本体为应急救援提供重要依据，这对制定有效的灾害应对策略、优化资源配置都具有重要意义。

根据自然灾害承灾体分类与代码GB/T 32572–2016，自然灾害承灾体中涉及地震灾害知识图谱资产类实例，如交通运输设施、通信设施等，如表1–9所示。此外，王益鹏等人也对台风灾害本体模型进行了设备设施的划分，如表1–10所示，可以进行参考。

表 1-9 自然灾害承灾体节点[①]

承灾体名称	承灾体简称	承灾体名称	承灾体简称
人	人	林业设施、设备	林业设施
房屋	房屋	林业产品	林业产品
耐用消费品	消费品	畜牧业设施、设备	畜牧业设施
交通运输设施、设备	交通设施	畜牧业产品	畜牧业产品
通信设施、设备	通信设施	渔业设施、设备	渔业设施
能源设施、设备	能源设施	渔业产品	渔业产品
市政设施、设备	市政设施	工业设施、设备	工业设施
水利设施、设备	水利设施	工业产品	工业产品
教育设施、设备	教育设施	工业原料	工业原料
医疗卫生设施、设备	医疗设施	服务业设施、设备	服务业设施
科技设施、设备	科技设施	服务业产品	服务业产品
文化设施、设备	文化设施	服务业原料	服务业原料
广电设施、设备	广电设施	土地资源	土地资源
体育设施、设备	体育设施	矿产资源	矿产资源
社会保障与公共管理设施、设备	保障设施	水资源	水资源
农业设施、设备	农业设施	生物资源	生物资源
农业产品	农业产品	生态环境	生态环境

表 1-10 台风灾害知识图谱中对象、状态、特征节点（部分）[②]

类型	名称	说明
对象节点	台风对象	事件中台风实例
	人物对象	事件中人物实例
	房屋	事件中房屋实例

① 中华人民共和国国家质量监督检验检疫总局，中国国家标准化管理委员会.自然灾害承灾体分类与代码：GB/T 32572-2016[M].北京：中国标准出版社，2016.

② 王益鹏，张雪英，党玉龙，等.顾及时空过程的台风灾害事件知识图谱表示方法[J].地球信息科学学报，2023，25(6)：1228-1239.

续表

类型	名称	说明
对象节点	交通设施	事件中交通设施实例
	通信设施	事件中通信设施实例
	市政设施	事件中市政设施实例
	基础设施	事件中基础设施实例
	公共服务设施	事件中公共服务设施实例
	工业设施	事件中工业设施实例
	服务业设施	事件中服务业设施实例
	农业产品	事件中农业产品实例
	……	其他对象节点
状态节点	形成阶段	台风的形成状态
	发展阶段	台风的发展状态
	持续阶段	台风的持续状态
	衰亡阶段	台风的衰亡状态
特征节点	时间	基于时间参考的特征节点
	地点	基于空间参考的特征节点
	台风名称	台风灾害事件中台风的名称
	台风编号	台风的编号
	风力大小	台风的风力大小
	移动速度	台风的移动速度
	受灾人数	台风灾害事件中受灾人口
	死亡人数	台风灾害事件中死亡人口
	紧急转移人口	台风灾害事件中紧急转移人口
	直接经济损失	台风灾害事件的直接经济损失
	损毁道路长度	台风灾害事件中道路损毁的长度
	农作物受灾面积	农作物的受灾面积
	受灾企业数量	受灾的企业数量
	倒塌房屋间数	倒塌的房屋间数
	……	其他特征节点

综上，将资产类本体划分二级类：资产－应急物资，用来表示用于应急的资产；资产－救援设备，用来表示在救援行动中使用的各种工具、器材和设备；资产－设施，用来表示不可以移动的资产。

8. 目标－行动－任务

目标－行动－任务指的是在地震灾害应急过程中的行动大类，按照地震灾害具体的行动分类，每种行动可分为不同的任务，每个任务又可分为不同的子任务。在层次上，更高层次、具有指导性的、与地震灾害有关的处置决策可被视为目标，针对目标展开的具体战役层面的处置内容可被视为行动，围绕每个行动在战术层面再次展开的处置内容可被视为任务。本书有关目标－行动－任务分类的研究具体见第二部分的研究内容。

9. 指令

指令类本体在地震灾害知识图谱中专门处理与领导指示和批示相关的信息。这类本体详细记录了在地震事件中，各级领导人根据灾害情况所作出的决策指令和批示。这些指令和批示对指导灾害救援、资源分配、安全疏散、信息发布等关键行动至关重要。

（二）关系类构建

1. 时间、事件、主体结构辨析

在地震灾害知识图谱中，时间类－事件类－主体类三元组是一种重要的组织方式，用于描述地震及其相关活动。这三种不同的排列顺序代表了不同的关注点和信息结构，以“9·5”泸定地震为例，如图1–1所示。时间类实体：以9月5日、9月6日、9月7日为例；事件类实体：以Ⅰ级响应、Ⅱ级响应为例；主体类实体：以应急管理部、四川省为例。

①时间－事件－主体：这种顺序强调的是事件发生的具体时间，其次

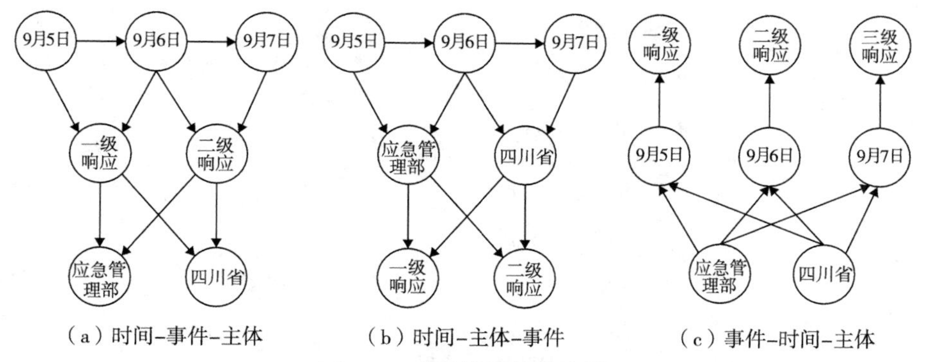

图 1-1 本体模型关系结构

是事件本身，最后是参与事件的主体。例如，“9月5日－启动一级响应－应急管理部”，这里首先突出的是事件发生的时间（9月5日），然后是事件本身（启动Ⅰ级响应），最后是事件的主要执行主体（应急管理部）。

②时间－主体－事件：这种顺序首先强调的是事件发生的具体时间，其次是参与事件的主体，最后是事件本身。例如，“9月5日－应急管理部－启动Ⅰ级响应”，这里首先突出的是事件发生的时间（9月5日），然后是事件的主要执行主体（应急管理部），最后是具体的事件（启动Ⅰ级响应）。

③事件－时间－主体：这种顺序首先强调的是事件本身，其次是事件发生的具体时间，最后是参与事件的主体。例如，“启动Ⅰ级响应－9月5日－应急管理部”，这里首先突出的是事件本身（启动Ⅰ级响应），然后是事件发生的时间（9月5日），最后是事件的主要执行主体（应急管理部）。

事件－时间－主体型结构最为复杂，交叉节点最多。时间－主体－事件型结构难以看出事件发生时间，因此选择时间－事件－主体型结构。

2. 本体模型可视化

本书利用Protégé软件实现本体模型可视化，根据前文对本土模型的设计，可以得出如图1-2所示的本体模型网络。

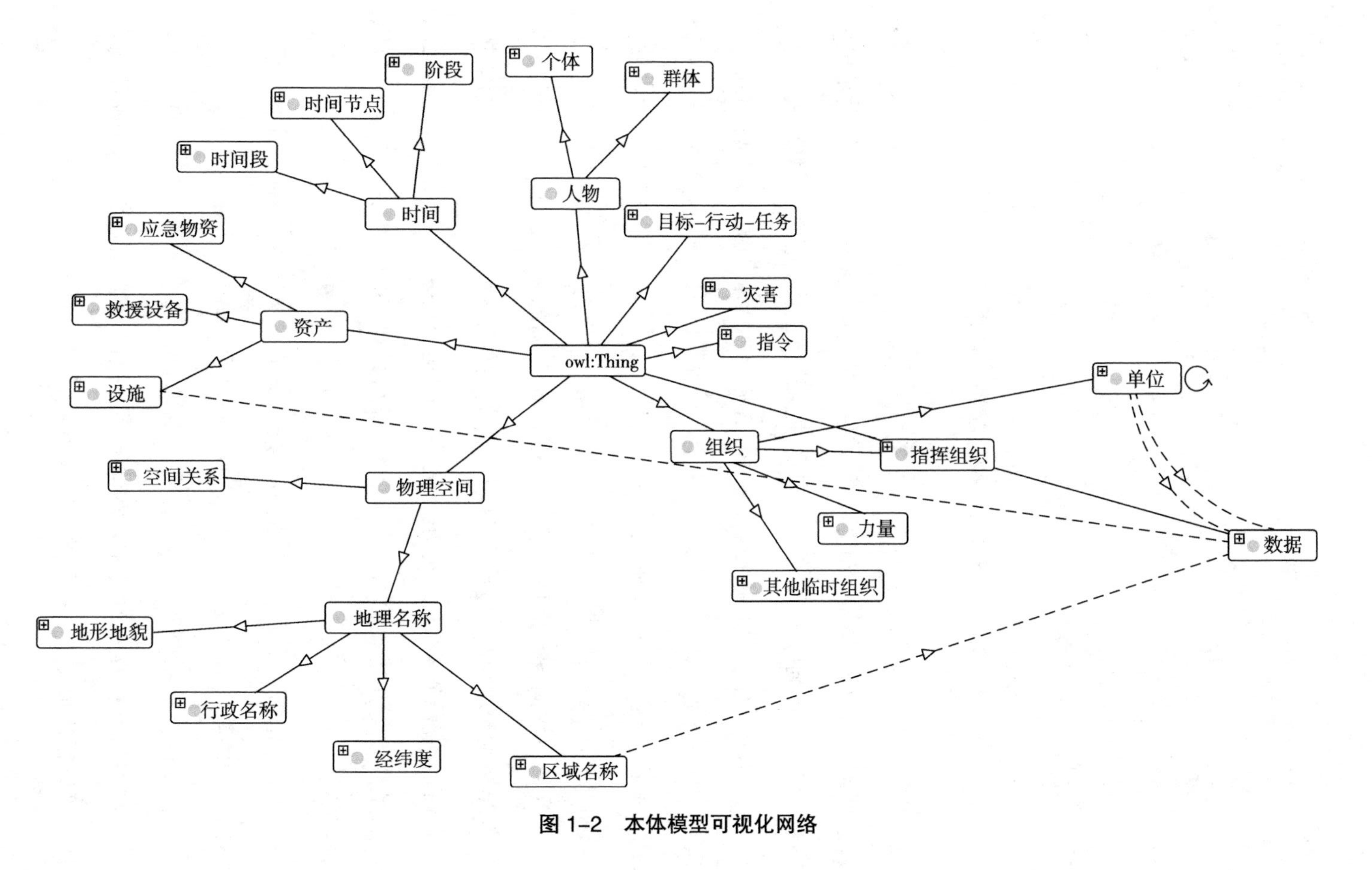

图 1-2 本体模型可视化网络

三、地震灾害知识图谱本体模型实例化

（一）数据来源

本书采用的知识图谱实例来源于对“9·5”泸定地震调研所获取的资料。在进行图谱可视化之前，首先需要对泸定地震相关材料进行预处理，当前主要处理的材料包括航空救援情况、指挥部值班信息、指挥部搭建相关文件等，通过对系列相关材料的整理，形成了泸定地震大事记。具体知识图谱实例的呈现以大事记提供的数据为准。图1–3为基于本体模型进行泸定地震知识图谱构建的主要过程。

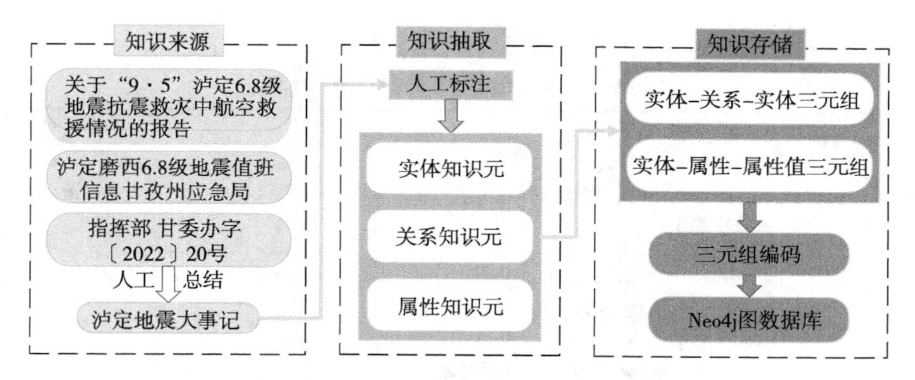

图 1–3　构建泸定地震大事记知识图谱流程

（二）人工标注

1. 人工标注形式

考虑到泸定地震是一个具体发生的案例，具有唯一性，且本书所构建的地震灾害本体模型所涉及的要素广泛，目前尚未形成可以借鉴的自动标注方法。现阶段先采用人工标注方式，一方面对案例的分类会更加精准，另一方面也为后续开展自动标注提供基础。本书主要采用的人工标注形式如下：

［实体名称（属性名称，属性值）；实体类型；关系名称；实体名称

(属性名称，属性值)；实体类型]

其中“；”为第一次Excel数据分列分隔符，用于提取“实体–关系–实体”三元组，“，”为第二次Excel数据分列分隔符，用于提取“实体–属性–属性值”三元组。

2.数据预处理

使用Excel提取所有人工标记语句，提取结果如表1–11所示。通过进行第一次分列，得到实体三元组，如表1–12所示。之后，将所有实体按照实体类型进行编码处理，实体类型编码如表1–13所示。实体节点编码结果如表1–14所示，其中kgid是实体节点的唯一标识符。最终，数据预处理结果如表1–15所示。

表1–11 人工标注语句提取结果示例

序号	例句
1	【9月5日12时52分；时间–时间节点；发生；地震(等级，6.8级)；灾害–地震灾害–直接影响】
2	【地震(等级，6.8级)；灾害–地震灾害–直接影响；位于；29.59° N，102.08° E；物理空间–地理名称–经纬度】
3	【地震(等级，6.8级)；灾害–地震灾害–直接影响；位于；泸定县；物理空间–地理名称–行政名称】
4	【四川省；物理空间–地理名称–行政名称；下属；甘孜州；物理空间–地理名称–行政名称】
5	【甘孜州；物理空间–地理名称–行政名称；下属；泸定县；物理空间–地理名称–行政名称】
6	【9月5日12时52分6.1秒；时间–时间节点；发布；首报预警结果；数据】
7	【首报预警结果；数据；发布单位；中国地震预警网；组织–单位】
8	【9月5日12时55分；时间–时间节点；发布；自动速报结果；数据】
9	【自动速报结果；数据；发布单位；中国地震台网中心；组织–单位】
10	【9月5日13时03分；时间–时间节点；发布；正式速报结果；数据】

表 1-12 实体三元组处理结果示例

头实体名称	头实体类型	关系名称	尾实体名称	尾实体类型
9月5日 12时52分	时间-时间节点	发生	地震（等级，6.8级）	灾害-地震灾害-直接影响
地震 （等级，6.8级）	灾害-地震灾害-直接影响	位于	29.59° N， 102.08° E	物理空间-地理名称-经纬度
地震 （等级，6.8级）	灾害-地震灾害-直接影响	位于	泸定县	物理空间-地理名称-行政名称
四川省	物理空间-地理名称-行政名称	下属	甘孜州	物理空间-地理名称-行政名称
甘孜州	物理空间-地理名称-行政名称	下属	泸定县	物理空间-地理名称-行政名称
9月5日 12时52分6.1秒	时间-时间节点	发布	首报预警结果	数据
首报预警结果	数据	发布单位	中国地震预警网	组织-单位
9月5日 12时55分	时间-时间节点	发布	自动速报结果	数据
自动速报结果	数据	发布单位	中国地震台网中心	组织-单位

表 1-13 实体类型编码

一级类	二级类	三级类	实体类型	实体类型
人物	个体		人物-个体	AA
	群体		人物-群体	AB
时间	时间节点		时间-时间节点	BA
	时间段		时间-时间段	BB
	阶段		时间-阶段	BC
数据			数据	C
物理空间	地理名称	区域名称	物理空间-地理名称-区域名称	DA
	地理名称	地形地貌	物理空间-地理名称-地形地貌	DB
	地理名称	经纬度	物理空间-地理名称-经纬度	DC
	地理名称	行政名称	物理空间-地理名称-行政名称	DD
	空间关系		物理空间-空间关系	DE
目标-行动-任务			目标-行动-任务	E

续表

一级类	二级类	三级类	实体类型	实体类型
灾害	地震灾害	次生衍生事件	灾害-地震灾害-次生衍生事件	FA
		直接影响	灾害-地震灾害-直接影响	FB
指令			指令	G
资产	应急物资		资产-应急物资	HA
	救援设备		资产-救援设备	HB
	设施		资产-设施	HC
组织	力量		组织-力量	IA
	单位		组织-单位	IB
	其他临时组织		组织-其他临时组织	IC
	指挥组织		组织-指挥组织	ID

表 1-14 实体节点编码结果示例

头实体名称	头实体类型	kgid
地震应急响应调整为Ⅰ级	目标-行动-任务	E0001
地质灾害防御Ⅲ级响应	目标-行动-任务	E0002
地质灾害Ⅰ级应急响应	目标-行动-任务	E0003
国家Ⅳ级救灾应急响应	目标-行动-任务	E0004
国家地震应急Ⅲ级响应	目标-行动-任务	E0005
国家地震应急响应级别提升至Ⅱ级	目标-行动-任务	E0006
国家救灾应急响应级别提升至Ⅲ级	目标-行动-任务	E0007
启动受灾群众安置点转移工作	目标-行动-任务	E0008
省级地震Ⅱ级应急响应提升为省级地震Ⅰ级应急响应	目标-行动-任务	E0009
省级水利抗震救灾响应调整为Ⅰ级	目标-行动-任务	E0010
省市（州）县前线联合指挥部会议	目标-行动-任务	E0011
水利抗震救灾Ⅱ级响应	目标-行动-任务	E0012
物资调配、人员调度	目标-行动-任务	E0013
新闻发布会	目标-行动-任务	E0014
新闻发布会第二次发布会	目标-行动-任务	E0015
新闻发布会第六次发布会	目标-行动-任务	E0016

续表

头实体名称	头实体类型	kgid
新闻发布会第三次发布会	目标-行动-任务	E0017
新闻发布会第四次发布会	目标-行动-任务	E0018
新闻发布会第五次发布会	目标-行动-任务	E0019
新闻通气会	目标-行动-任务	E0020
Ⅰ级响应	目标-行动-任务	E0021
终止省级地震Ⅰ级应急响应	目标-行动-任务	E0022
终止省级Ⅰ级响应	目标-行动-任务	E0023
自然灾害Ⅰ级救助应急响应	目标-行动-任务	E0024

表 1-15　数据预处理结果示例

头实体名称	头实体类型	头实体编号	关系名称	尾实体名称	尾实体类型	尾实体编号
9月5日12时52分	时间-时间节点	BA0001	发生	地震（等级，6.8级）	灾害-地震灾害-直接影响	FB0001
地震（等级，6.8级）	灾害-地震灾害-直接影响	FB0001	位于	29.59° N，102.08° E	物理空间-地理名称-经纬度	DC0001
地震（等级，6.8级）	灾害-地震灾害-直接影响	FB0001	位于	泸定县	物理空间-地理名称-行政名称	DD0005
四川省	物理空间-地理名称-行政名称	DD0008	下属	甘孜州	物理空间-地理名称-行政名称	DD0003
甘孜州	物理空间-地理名称-行政名称	DD0003	下属	泸定县	物理空间-地理名称-行政名称	DD0005
9月5日12时52分6.1秒	时间-时间节点	BA0002	发布	首报预警结果	数据	C0005
首报预警结果	数据	C0005	发布单位	中国地震预警网	组织-单位	IB0022
9月5日12时55分	时间-时间节点	BA0003	发布	自动速报结果	数据	C0007
自动速报结果	数据	C0007	发布单位	中国地震台网中心	组织-单位	IB0021

（三）导入Neo4j文件

提取实体节点的信息如表1-16所示，其中name列表示实体节点名称，label列表示实体节点类型，kgid列表示实体节点序号。提取的关系信息示例如表1-17所示，其中kgid1列表示起始节点kgid序号，kgid2列表示终止节点kgid序号，relationship列表示关系名称。提取节点属性信息如表1-18所示，在实例中，本书将节点本身所带有的数量值也作为其属性，如死亡15人，15人为死亡这个节点的属性，如果还存在另一个节点，如死亡20人，那么这将会是另一个包含属性20人的死亡节点。

表1-16　实体节点信息示例

name	label	kgid
地震应急响应调整为Ⅰ级	目标-行动-任务	E0001
地质灾害防御Ⅲ级响应	目标-行动-任务	E0002
地质灾害Ⅰ级应急响应	目标-行动-任务	E0003
国家Ⅳ级救灾应急响应	目标-行动-任务	E0004
国家地震应急Ⅲ级响应	目标-行动-任务	E0005
国家地震应急响应级别提升至Ⅱ级	目标-行动-任务	E0006
国家救灾应急响应级别提升至Ⅲ级	目标-行动-任务	E0007
启动受灾群众安置点转移工作	目标-行动-任务	E0008
省级地震Ⅱ级应急响应提升为省级地震Ⅰ级应急响应	目标-行动-任务	E0009

表1-17　关系信息示例

kgid1	relationship	kgid2
BA0001	发生	FB0001
FB0001	位于	DC0001
FB0001	位于	DD0005
DD0008	下属	DD0003
DD0003	下属	DD0005
BA0002	发布	C0005
C0005	发布单位	IB0022
BA0003	发布	C0007
C0007	发布单位	IB0021

表 1-18　节点属性信息示例

name	properties	value	label	kgid
地震	等级	6.8级	灾害-地震灾害-直接影响	FB0001
失联	数量	12人	灾害-地震灾害-直接影响	FB0002
失联	数量	35人	灾害-地震灾害-直接影响	FB0005
死亡	数量	15人	灾害-地震灾害-直接影响	FB0006
死亡	数量	18人	灾害-地震灾害-直接影响	FB0007
地震基准站	数量	3处	资产-设施	HC0002
地震预警接收服务器	数量	4台	资产-设施	HC0003
地震预警接收服务器终端地系统	数量	1套	资产-设施	HC0004
宏观点	数量	3台	资产-设施	HC0005
强震台观测点	数量	4个	资产-设施	HC0006

（四）图谱可视化

为了更直观地呈现图谱的网络结构，本书将其导入不同的可视化平台中进行观察。除Neo4j原始的图可视化平台外，本书还将知识图谱数据导入Gephi中进行可视化和网络分析。

1. 导入Neo4j

使用第四部分“知识图谱导入代码”将结果导入Neo4j数据库中，并进行可视化。图1-4为Neo4j中的一种布局形式。

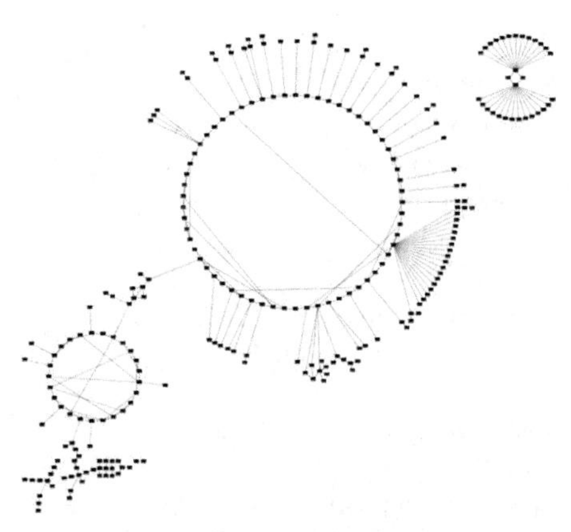

图 1-4　Neo4j 本体实例化

2. 导入 Gephi

将知识图谱的点线列表按照Gephi导入模板进行导入，并进行结构化网络布局，可以呈现出如图2-1所示的网络结构。可通过调整网络布局、结合度中心性、模块化、集群系数等网络分析指标对网络结构特征进行分析。本书主要运用Gephi对知识图谱网络进行分析。

四、附表：知识图谱导入代码

```
import pandas as pd
from neo4j import GraphDatabase
import os

class Neo4jConnection:
  def __init__（self，uri，user，pwd）:
    self.__uri = uri
    self.__user = user
    self.__pwd = pwd
    self.__driver = None
    try:
      self.__driver = GraphDatabase.driver（self.__uri，auth=（user，pwd））
    except Exception as e:
      print（“Failed to create the driver：”，e）

  def close（self）:
    if self.__driver is not None:
      self.__driver.close（）

  def create_node（self，label，properties）:
    with self.__driver.session（）as session:
      query = f” CREATE（n：{label} $props）”
      session.run（query，props=properties）

  def delete_all（self）:
    with self.__driver.session（）as session:
      session.run（“MATCH（n）DETACH DELETE n”）

  def create_relationship（self，kgid1，relationship，kgid2）:
    with self.__driver.session（）as session:
        query = f” MATCH（a）,（b）WHERE a.kgid = ‘{kgid1}’ AND b.kgid = ‘{kgid2}’ CREATE
（a）-[ r：{relationship}] ->（b）”
```

```
        session.run ( query )

    def create_node_properties ( self, kgid, name, label, properties ):
        with self.__driver.session ( ) as session:
            query = f" MERGE ( n {{kgid: '{kgid}' }} ) "
            for key, value in properties.items ( ):
                query += f" SET n.{key} = '{value}', "
            query = query.rstrip ( ', ' ) + " ; "
            session.run ( query )
```

```
# 初始化链接
conn = Neo4jConnection ( uri=" bolt://localhost:7687", user=" neo4j", pwd=" pl0083000616" )

df_nodes = pd.read_excel ( '原始文件/实体.xlsx' )
df_relations = pd.read_excel ( '原始文件/关系.xlsx' )
df_attributes = pd.read_excel ( '原始文件/属性.xlsx' )
# 删除数据库中的所有节点和关系
conn.delete_all ( )
```

```
# 遍历节点DataFrame并创建节点
for index, row in df_nodes.iterrows ( ):
    conn.create_node ( row[ 'label' ], { 'name': row[ 'name' ], 'kgid': row[ 'kgid' ] } )
```

```
# 遍历关系DataFrame并创建关系
for index, row in df_relations.iterrows ( ):
    conn.create_relationship ( row[ 'kgid1' ], row[ 'relationship' ], row[ 'kgid2' ] )
```

```
# 遍历属性DataFrame并创建节点
for index, row in df_attributes.iterrows ( ):
    # 创建属性字典
    extra_attributes = {row[ 'properties' ]: row[ 'value' ] }
    conn.create_node_properties ( row[ 'kgid' ], row[ 'name' ], row[ 'label' ], extra_attributes )
```

```
# 关闭链接
conn.close ( )
```

第二章

“9·5”泸定地震知识图谱数据分析

根据前文所述本体模型和“9·5”泸定地震大事记数据，本书通过Neo4j建立了“9·5”泸定地震大事记知识图谱网络，覆盖9月5日至9月12日共计46条记录，提取其中所包含的节点和关系，可形成泸定地震灾害大事记网络图谱的边列表，导入Gephi中进行进一步的网络布局和网络分析。

图2-1为布局后的“9·5”泸定地震大事记网络图谱。为方便观察网络结构，作者将时间节点统一布局在网络中央圆形区域，以表示事件发展的时序过程，时间节点时序逆时针排列。时间节点外围一圈的节点为每个时间点上所开展的应急任务、出现的灾情或次生衍生事件以及事件在当下造成的直接影响（如人员伤亡等），即为事件节点。事件节点外围所布局的节点为在当前时刻开展相关应急任务或处理相关灾害的组织部门、机构或个人。

从整个网络结构来看，网络结构整体较为松散，即存在极少的三角形结构，因此，网络的平均聚类系数非常小，仅为0.07。结合网络直径和图密度来看，整个网络的直径可达58，比较大，图密度仅有0.009，非常小，进一步说明整个网络的结构非常松散。网络结构较为松散一方面是因为灾害应急响应是一个动态过程，不同时间节点会有不同的事情发生，并且会需要不同的组织单位或个人完成不同的任务，因此不同任务及不同实施主体、不同时间阶段之间的关联性较弱，这也从侧面反映出我国的应急响应过程是受不同时间点上不同任务驱动的，且较为分散，任务与任务之间的关联性不强。另一方面的原因是组织间相互关联关系偏少，这与应急机制启动前应急组织存在层级和组织边界有很大关系。在科层组织影响下，即使应急机制启动，各组织单位间也很难快速建立关联关系，更多的组织单位倾向于自行完成相关任务或行动，这也是造成任务之间关联性不强的主要原因之一。任务间和组织间关联性较弱会影响应急响应的任务协同和组织协同，容易导致任务实施中出现冲突，降低整体的应急响应效率。具体地，这部分内容主要围绕“9 · 5”泸定地震应急组织体系及应急任务实施情况开展分析。

一、“9 · 5”泸定地震应急指挥组织体系

“9 · 5”泸定地震的应急指挥组织体系具有空间上的前后格局，即包含前方指挥部、县级层面现场指挥部、泸定县后方指挥部、甘孜州抗震救灾指挥部、四川省抗震救灾指挥部等多个层级，并且由于震区覆盖面大，波及多个县和乡镇，因此在受灾较为严重的区域会单独设立前线指挥部，如海螺沟前线指挥部；有时为了能够尽快整合各方力量，也会构建特定功能的指挥部，如省州（市）县军地前线联合指挥部。这种前后格局、多点布局的指挥组织体系，能够充分发挥各指挥部在体系中不同位置上的作用，如前线指挥部聚焦开展某项具体的处置任务，现场指挥部为震区现场管理和资源协调统筹提供支持，后方指挥部、州级层面和省级层面指挥部及时为震区提供必要的力量和物资保障。依照这种逻辑，越是靠近一线的处置越应当由专业的处置部门来承担。作为后方提供支持和保障的指挥机构主要负责综合协调和指挥决策，具体开展行动和任务的方案应当由专

业指挥来定夺。此外，从图2-1中可以看出，州指挥部、县指挥部、后方指挥部是较大的组织节点，它们各自包含了不同的功能组及成员单位。其中，县指挥部为泸定县第一时间搭建的现场指挥部，后方指挥部设在县应急局，为现场指挥部提供协调保障。这种“中心-边缘”的网络结构表明了指挥部在整个指挥体系中的重要作用，高度中心化的网络结构意味着指挥部具有高度统筹和协调能力，可以调配指挥部下面的所有成员单位和设备资源。当然，这种“中心-边缘”结构并不止一个，这意味着，在整个指挥体系中有多个统筹节点共同发挥作用，以支撑起整个指挥体系的运作。

除此之外，网络图谱中还存在“9·5”泸定地震抗震救灾省市（州）县前线联合指挥部节点，该节点的形成是在泸定县先期响应之后，四川省和甘孜州也快速作出反应，调派小组专班到达现场指挥部，并与省级指挥中心和州级指挥中心建立联系，形成了省州县联指。大事记梳理的支撑材料中有记录显示后方指挥部、县指挥部是9月5日当天建立并下达了指挥部建设的正式通知，州指挥部也是在9月5日建立并启动的，联合指挥部有迹象可循的活动时间最早是在9月5日23时，召开了第一次新闻发布会。并且，前线指挥部最初设立的指挥长是州级层面主要领导，即使后期形成了省州县联合指挥部，也未有通报显示更换指挥长，这充分体现了我国抗震救灾工作坚持属地为主的处置原则，同时省州县联合指挥部的建设形式也表现出省级层面在后方提供统筹协调支持的主要作用，即仅提供支持和指导，实际处置还是由属地开展，这种任务型指挥形式可以很好地明确省州县职责，并充分发挥属地和基层在应急处置中的专业能力。

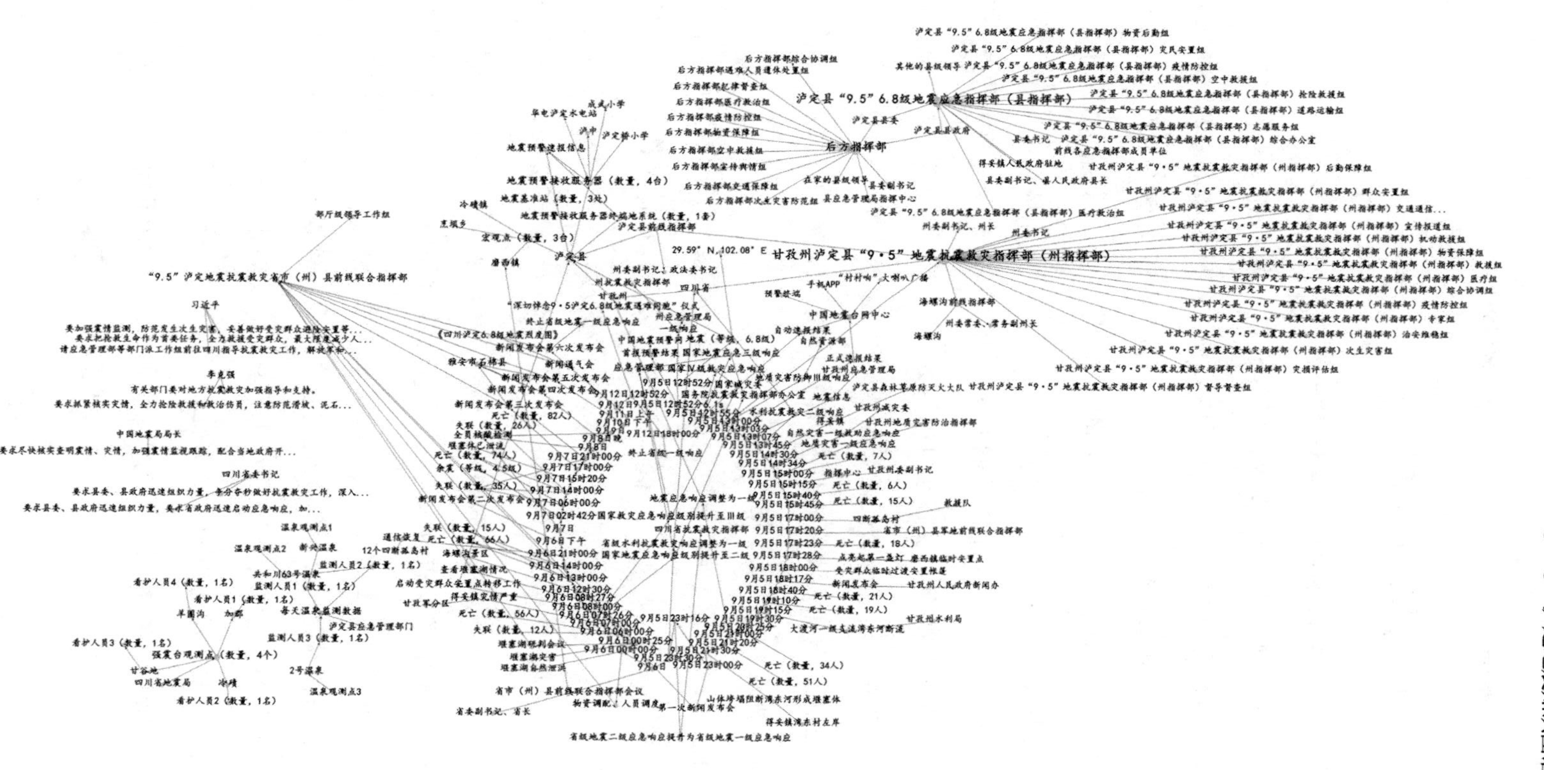

图 2-1 "9·5"泸定地震大事记网络图谱

二、应急响应任务实施情况

（一）应急响应任务随时间变化情况

如果只将图谱中与时间节点、任务节点、灾害损失及次生衍生灾害节点等有关的内容保留，可得到如图2-2所示的网络图谱。从时间线逆时针的布局来看，抗震救灾工作前期，即9月5日12时52分至9月5日21时（响应级别调整之前），基本覆盖时间圆的右半部分，这期间主要任务有地震定级、地震监测、伤亡统计、安置点保障、首次信息发布、确定受灾基本情况等，如9月5日18时17分召开了首次新闻发布会（图中节点名为新闻发布会，虽然此次新闻发布会可能因为发布主体不同未纳入后续系列新闻发布会计数中，但此次新闻发布会依然可视为首次对外信息公开）；9月5日19时15分，发现大渡河一级支流湾东河断流；9月5日21时30分发现山体垮塌阻断湾东河形成了堰塞体等。

此外，前期的灾情评估直接决定了随后应重点开展的处置任务，任务之间具有时序关系。例如，9月5日23时16分，在评估了伤亡人数和受灾基本情况后，省级地震Ⅱ级响应提级为Ⅰ级响应，14分钟后，省级水利抗震救灾响应级别也调整为Ⅰ级。此时，多项应急处置任务开始出现，即应急任务最为聚集的地方是时间圆的下边缘和左半部分（9月5日21时至9月6日下午第二次新闻发布会），首先是急难险重任务的处置，如堰塞体的处置，同步开展抗震救灾常规性应急处置任务，如物资/人员调配、群众安置转移、通信恢复等。待震区受灾基本情况和处置情况趋于稳定后，进入应急处置的第三阶段，即9月6日下午至响应终止，这个过程重点开展的应急任务主要为信息发布以及与社会稳定等相关的处置任务，如新闻发布、核酸检测等，省市（州）县前线联合指挥部召开的第三至六次新闻发布会都集中在9月7日至9月12日，即地震发生2天后。

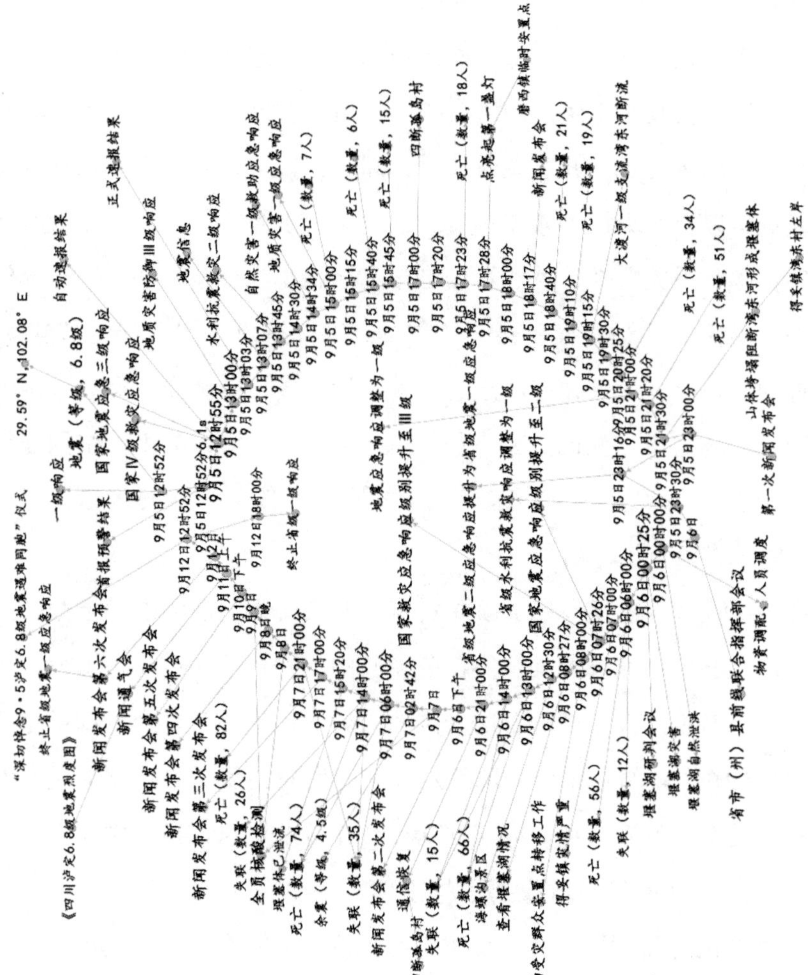

图 2-2 仅保留时间节点、任务节点、灾害损失及次生衍生灾害节点的网络图谱

（二）不同应急响应任务的实施主体

如果只保留图谱中除时间节点以外的其他节点，我们能够顺利挖掘出图谱中所包含的不同应急响应任务以及参与任务处置的相关组织单位，如图2-3所示。从地震中与指挥决策、地震监测预警有关的任务节点和主体节点可以看出，州指挥部、海螺沟前线指挥部、泸定县前线指挥部，以及受灾严重的泸定县及其上级组织甘孜州、四川省在这些组织节点当中具有相互关系，它们主要负责开展风险评估，即对灾害定级，如确定水利抗震救灾Ⅱ级响应以及水利抗震救灾响应级别调整为Ⅰ级等。泸定县作为属地政府，还承担了受灾群众安置点转移工作、地震监测预警设备的搭建等任务。其中，地震监测预警设备会选择在重点区域搭建，如学校、水电站、受灾严重的乡镇等，尤其在有温泉的位置会设置多个监测点，温泉大多位于断裂带上，是地震监测的重要点位。从图2-3中还可以看出，中国地震台网中心负责地震预警、自动速报、正式速报和各种终端的信息速报工作，快速将地震信息发散出去。

如图2-4所示，主要包含了新闻发布、群众安置、通信电力抢修、人员搜救、信息管理、堰塞湖处置等任务，其中，除9月5日18时40分，由甘孜州人民政府新闻办召开的首次新闻发布会外，省州县联合指挥部主要承担了后面的6次新闻发布会和地震烈度图的发布会议。甘孜州人民政府新闻办召开的新闻发布会更倾向于面向社会作首次信息通报，省州县联合指挥部实际上是新闻发布的主要承担主体，在整个应急响应过程中开展具体灾情及处置情况的信息发布工作。通常情况下，在地震发生后需要立刻召开新闻发布会，面向社会通报此次地震基本情况，《甘孜州地震应急预案》中也明确规定“震后4小时内召开第一次新闻发布会并持续动态召开”。但预案中强调的新闻发布主体是“州指挥部”，而泸定地震中实际召开首次新闻发布会的主体是“甘孜州人民政府新闻办”，这在实际处置

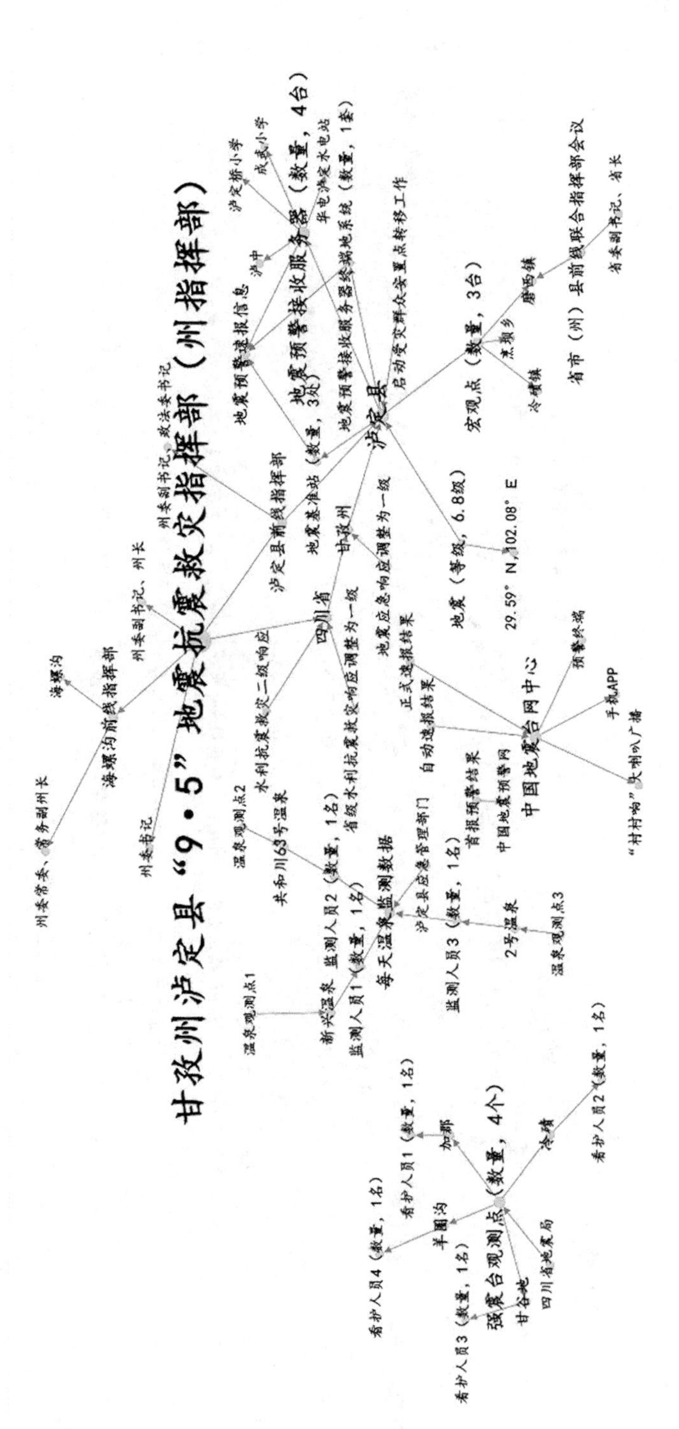

图2-3 “9·5”泸定地震中指挥决策、地震监测预警等应急任务实施情况

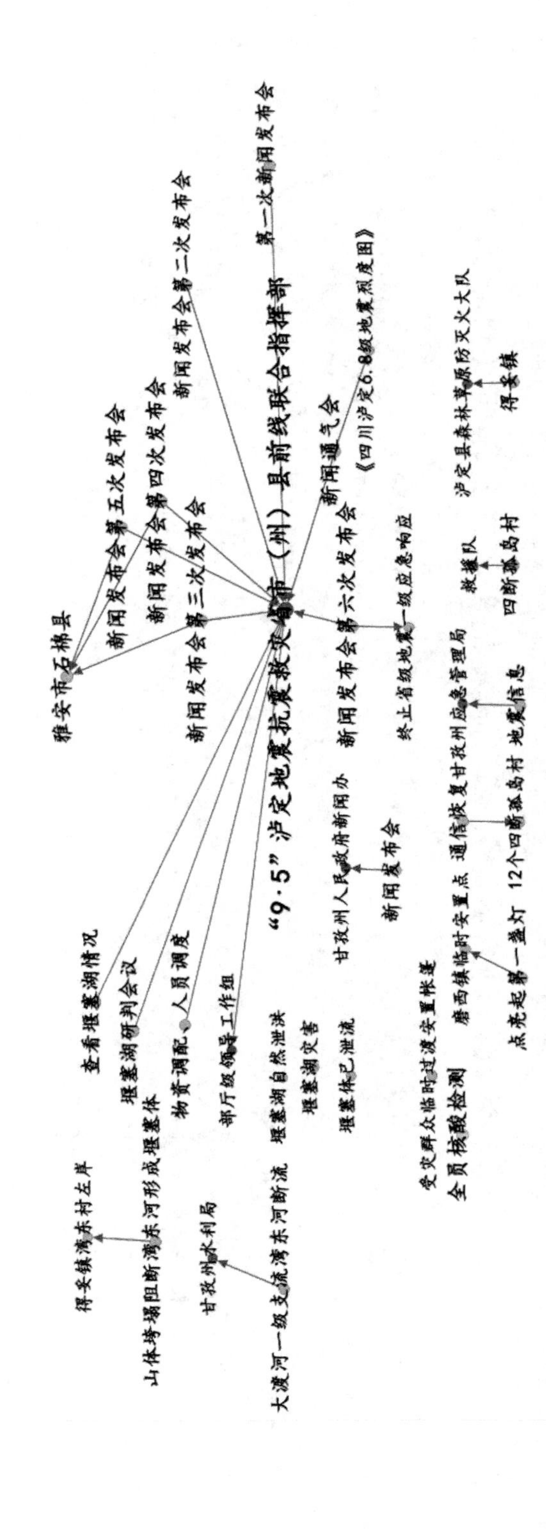

图 2-4 信息发布、群众安置、信息管理、人员搜救、堰塞湖处置等应急任务实施情况

中有时是可能遇到的。例如，“5 · 22”玛多地震中，青海省地震局作为赶赴现场的第一批单位，同时又是地震灾害处置的主责部门，就在现场召开了首次新闻通报会，随后玛多地震的新闻发布主体才变成省政府新闻办。[①]因此，为保证首次快速的新闻通报，可由属地政府或主责部门临时承担信息发布工作。

省州县联合指挥部在9月6日还承担了与堰塞湖有关的研判和评估，以及人员调度工作，可见，地震引发的堰塞湖等次生衍生事件是需要省州层面参与决策和部署的。但堰塞湖的监测、风险评估和具体处置工作由专业部门，即州水利局来承担，这也进一步体现出应急处置过程中“专业的人做专业的事”的重要性，省州县联合指挥部作为综合协调和指挥决策的组织机构，主要为专业部门提供必要的资源协调支持以及决策研判支持。另外，从图2–4中还可以看出，甘孜州应急局作为综合协调部门主要负责对地震相关信息的收集工作，统筹开展信息管理。部分力量单位，如救援队、泸定县森林草原防灭火大队重点针对受灾严重的地区开展搜救任务。图2–4中所包含的部分任务并未显示相对应的实施主体，如通信电力恢复和保障、受灾群众临时过渡安置帐篷的搭建、全员核酸检测等，虽然图2–4可能因为文本描述性不全的问题并未明确强调属地政府作为实施主体，但从图2–3中的分析可知，泸定县作为属地政府承担受灾群众安置和生活保障的核心工作。

图2–5主要呈现了抗震救灾过程中与风险评估有关的处置任务，对灾害的响应定级已经是风险评估的结果。风险评估是突发事件处置中非常重要的处置任务，是开展应急决策的重要基础。从开展风险评估的主体来看，风险评估包含多个不同的专业领域，对应不同方面的响应级别定级，如地震响应、救灾救助响应、地质灾害响应等。其中，甘孜州应急局、州抗震救灾指挥部主要对抗震救灾的综合风险进行评估，以确定抗震救灾的响应级别，从

---

① 王双燕，李方圆.我国“5 · 22”玛多地震的应急处置过程分析与经验启示：基于“情景—目标—任务—资源”的分析框架［J］.中国应急管理科学，2023（8）：87–99.

图2–2的时间序列上看，州抗震救灾指挥部对响应定级的时间是9月5日12时52分，而甘孜州泸定县“9·5”地震抗震救灾指挥部（州指挥部）的成立时间是9月5日13时。这说明，前者所指的州抗震救灾指挥部是州指挥中心下常设的专项指挥部，具有完整的值班制度，能够更快速地对地震灾害作出反应，后者所指的州指挥部是针对“9·5”泸定地震新成立的指挥部，负责统筹协调泸定地震的抗震救灾工作，两者在定位上略有区别，这个过程也是从常态管理转向非常态应急处置的重要体现，显然甘孜州仅用时8分钟就完成了转变的过程。

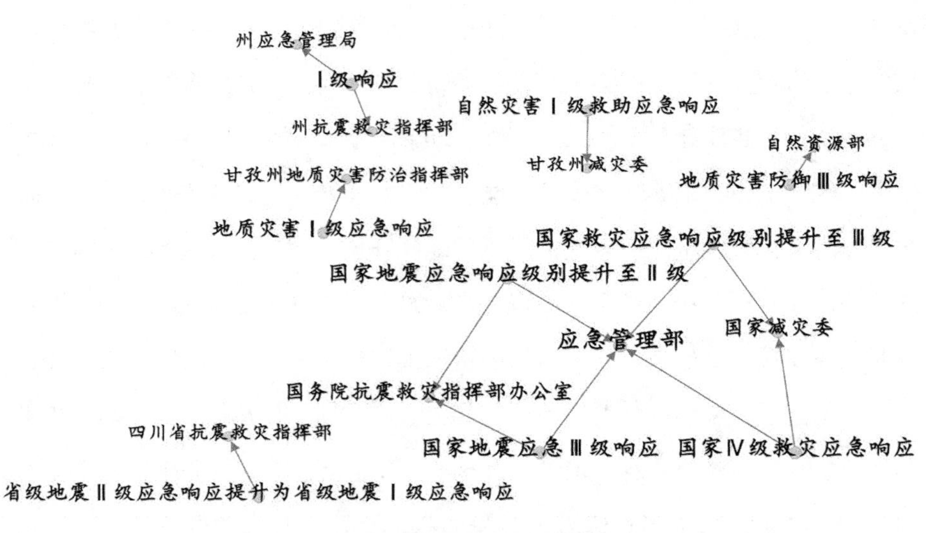

图2–5 “9·5”泸定地震中风险评估应急任务实施情况

相对应地，省级层面由四川省抗震救灾指挥部确定抗震救灾响应级别，国家层面由应急管理部、国家减灾委、国务院抗震救灾指挥部办公室从全局角度对地震态势进行评估。从响应定级情况来看，这个评估是一个变化过程，四川省抗震救灾指挥部就将地震响应级别由最初的Ⅱ级提升为Ⅰ级。响应级别通常受灾害发展和损失评估的情况影响，省级层面地震响应级别的提级时间为9月5日23时16分，而当天21时20分最新死亡数据为51人，按照四川省地震应急预案中对响应分级的规定，造成30人以上死亡的地震需启动Ⅰ级响应。国家层面对灾害的响应级别也存在调整过程。最初应急管理部和国家减灾委启动国家救灾Ⅳ级响应，应急管理部和国家抗震救灾指挥部办公室启动国家地震Ⅲ级响应，后两者被分别提至Ⅲ级救灾应急响应和Ⅱ级地震应急响应。

除抗震救灾风险评估和响应定级之外，自然灾害救助响应机制的启动由州减灾委负责。在地质灾害风险评估方面，由自然资源部负责确定地质灾害防御响应级别，同时，州层面由甘孜州地震灾害防治指挥部启动地质灾害Ⅰ级响应。结合图2-3可知，抗震救灾风险评估还包括水利方面的评估，如四川省启动水利抗震救灾Ⅱ级响应，发现堰塞体之后提为Ⅰ级响应。水利方面的风险评估在抗震救灾中非常重要，因为地震可能会导致水利设施的损坏或堰塞湖等次生衍生事件。

三、“9·5”泸定地震抗震救灾处置经验与启示

这部分研究通过构建泸定地震“时间-地点-事件-主体-任务”网络图谱，围绕图谱网络结构以及网络图谱中所呈现出的应急指挥组织体系和应急响应任务实施情况开展了深入分析。应急指挥组织体系建设和应急响应任务的实施是突发事件处置中的两项核心工作，因此，笔者主要围绕这两个方面对泸定地震的抗震救灾处置经验进行总结。

第一，面对地震灾害，应构建具有前后格局、多点布局、分工明确的应急指挥组织体系，发挥“统一指挥、专业处置、综合协调”的核心功能。其中，前线指挥部主要承担具体的应急处置任务，制定具体处置方案，强调专业处置能力的发挥；后方指挥部主要为前线提供支持和保障，发挥统一指挥和综合协调的作用。前后方指挥部应建立信息沟通和管理方式，实现信息在多个指挥机构间的快速和有效共享。

第二，加强“中心－边缘”指挥结构建设的同时，应提升边缘组织间的协同能力。进一步加强中心组织在指挥体系中的局部统筹和协调能力，保证中心组织的枢纽地位，发挥应急组织间的扁平化管理效能。但同时也应进一步扩展边缘组织间的正式信息共享和合作渠道，减少因组织间壁垒、多源异构数据交换等造成的协同性不足问题。

第三，应坚持属地为主的应急处置原则，同时充分发挥专业处置部门的专业处置能力。属地政府和各部门能高效实现常态化治理和非常态应急响应之间的有序衔接和快速转换，最大限度地保障灾区生命财产安全。坚持属地为主，需要完善应急处置中任务型指挥的应用模式，对下放权，减少干预，确保属地政府能够最大限度地因地制宜开展应急处置工作。同时要充分发挥专业处置部门在专业处置任务中的积极作用，明确专业指挥与综合指挥之间的界限和职责，各司其职，从专业处置和综合协调两个方面共同提升应急处置效率。

第四，坚持“人民至上、生命至上”的基本理念，明确抗震救灾处置任务优先级，有序开展抗震救灾处置工作。灾害发生后，首先应尽快调配各方力量开展灾情统计、人员搜救、群众安置、监测预警等工作，尽最大可能降低生命财产损失；其次应尽快开展灾情评估和风险评估，降低次生衍生灾害的影响，避免灾情扩大；最后应持续向社会公布灾情和处置情况，关注社会舆情和引导，降低社会恐慌和负面情绪，维护社会秩序和稳定。

第五，遵循“任务驱动型”处置模式，提升多主体参与的协同效率。“任务驱动型”处置模式能够提高应急组织体系对突发事件突变性和复杂性的适应能力，是提高应急处置效率的有效方法。“任务驱动型”处置模式应进一步强化多主体参与多任务实施时的松耦合协同，降低多任务实施的离散率，对存在强耦合关系的任务及其关联的组织进行重点关注和有效协调，进一步凝聚应急处置合力，提升应急响应效率。

第二部分

决策分析：地震灾害决策部署行为规律研究

在突发事件应对过程中，指挥长的决策部署直接决定了灾害处置的基本基调和方向。决策部署的基本原则直接决定了下级处置部门开展灾害应对的根本遵循，在面临两难或多难境地时为处置部门提供行动指南。决策部署的核心内容直接强调了突发事件应对的核心目标和任务，明确了该启动什么机制、该开展什么任务、该由谁来开展、工作和责任如何落实到位等问题，是保障突发事件有序应对的重要前提。那么，围绕地震灾害，指挥长的决策部署到底是怎样的，是否有所侧重，不同指挥长的决策是否有所偏好，对决策部署行为开展分析可以帮助我们更好地厘清当前突发事件指挥决策的特点，为优化决策部署提供依据。

第三章

突发事件应急任务列表梳理

决策部署中强调了突发事件应对需要开展的各项应急处置任务，那么在开展决策部署分析之前，需要厘清突发事件应急处置任务的类别，给定决策部署分析的一个标准应急任务列表。在分析我国不同层级应急预案以及美国通用任务列表之后，结合我国国情，本书给出了一个通用任务列表框架（见图3-1）。其中，最上层“保障人民群众生命财产安全”是我国开展突发事件应对的根本原则和基本理念，在这个理念引领下，开展突发事件应对会形成不同的应急处置目标，即第二层的10个目标，包括评估事态、加强现场组织与管理、减少人员伤亡、控制危险与有害因素、救助受灾群众、防御次生事件、维护社会秩序、有效沟通公众与媒体、善后与应急恢复、保障应急。为实现各项处置目标，每个目标下有不同的应急处置任务，共40项。

为实现评估事态的处置目标，需要开展事件监测与预警、事件调查与评估、风险与后果评估、信息报送与管理、数据融合与情报分析。加强现场组织与管理主要是指对突发事件场内的控制与管理，既包括指挥协调、应急指挥中心响应、事件现场管理（如现场分区、力量安置、分级警戒等），也包括对现场人员的管理，如应急人员的安全健康保障。减少人员伤亡主要包含三方面任务，即人员搜救、紧急避难和医疗救治，这里的医疗救治就包含了院前急救、医疗供应链管理与配送、医疗需求激增应

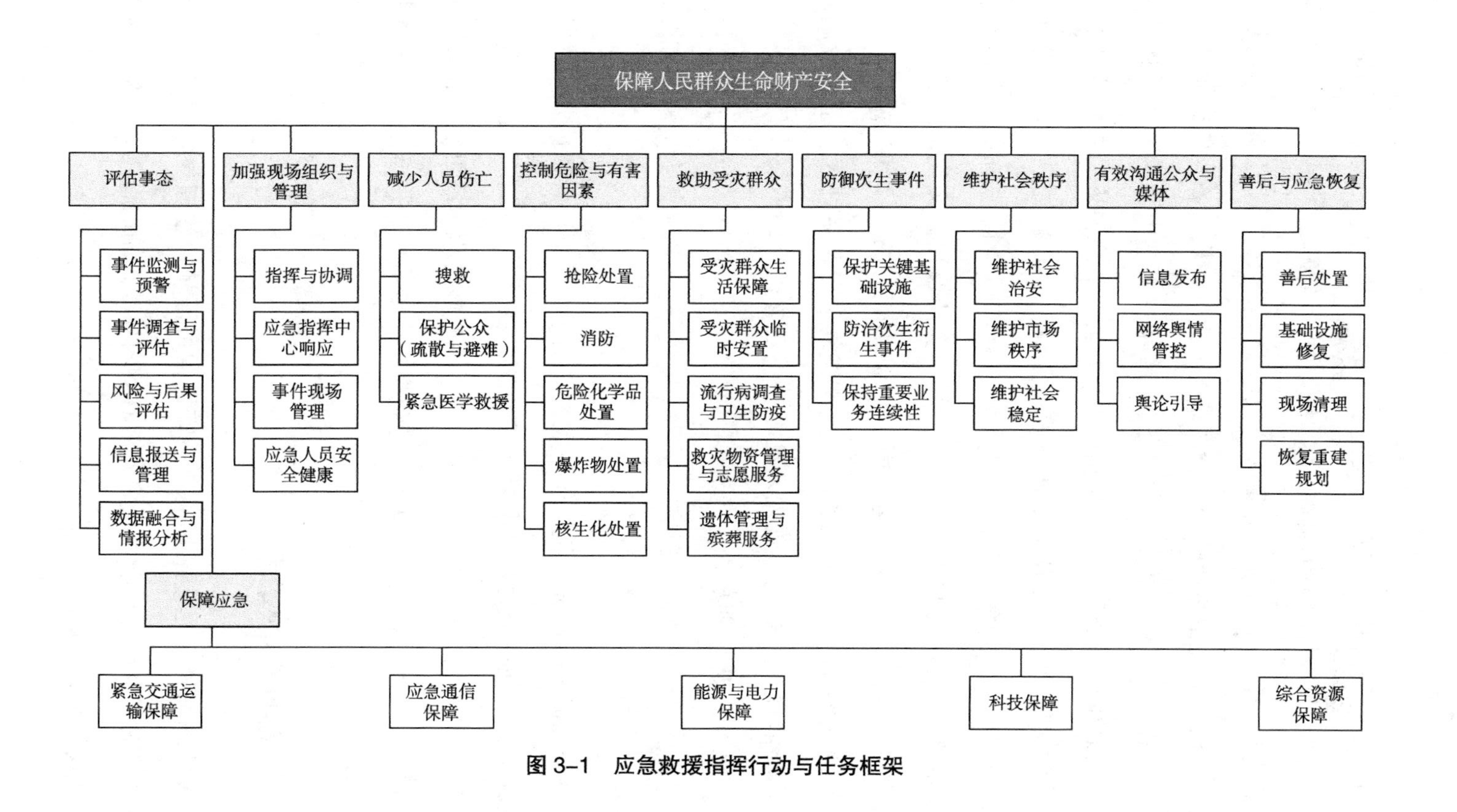

图 3-1 应急救援指挥行动与任务框架

对等更细节的子任务。控制危险与有害因素主要指的是对场内风险因素的控制，如针对各种险情的抢险处置（堰塞湖处置就是一种险情处置）、消防、危化品/爆炸物/核生化处置等。救助受灾群众包括对受灾群众的临时安置和生活保障、卫生防疫和流行病调查、支撑救助的救灾物资管理与服务以及受难人员遗体管理与殡葬服务。防御次生事件与风险系统的连锁性有关，如基础设施的保护、次生衍生事件的防治，以及保持重要业务的连续性（如果风险因素波及重要业务的连续性，会影响到应急处置的有序性和连续性，降低响应效率）。维护社会秩序包括社会治安、市场秩序（如物价稳定）、社会稳定三个维度，其中会涉及社会文化、经济等多个方面。有效沟通公众与媒体包含面向公众的信息发布（新闻发布），以及网络舆情管控和舆论引导。善后与应急恢复包括善后处置、基础设施修复、现场清理与恢复重建规划，这里并不包含完整的恢复重建过程，仅停留在恢复重建规划层面。支撑前面9个处置目标的最后一个处置目标是保障应急，包括交通、通信、能源与电力、科技以及综合资源等方面的保障。

每个目标下的任务仅仅是任务大类，任务大类下还会根据实际情况划分任务子类，任务通过层层分解逐步落实到各部门、机构、组织或个人，实现多主体间的合作。各个任务之间在实际实施过程中还可能存在关联关系。下文主要针对事件现场管理、应急指挥中心响应、搜救这三项任务开展了任务分析、关联性分析。

一、事件现场管理

事件现场管理是指现场应急指挥机构根据相关管理规定要求，对突发事件应对现场相关行动及任务开展有效引导和控制的行为，以确保能安全、有效和高效地管理现场发生的各类情况。

（一）任务分析

任务分析包括策划与协调事件现场管理行动、实施事件现场管理行动、建立现场指挥部、管理现场资源、编制事件行动方案、实施事件行动方案和结束事件现场管理行动等7项任务，如图3-2所示。

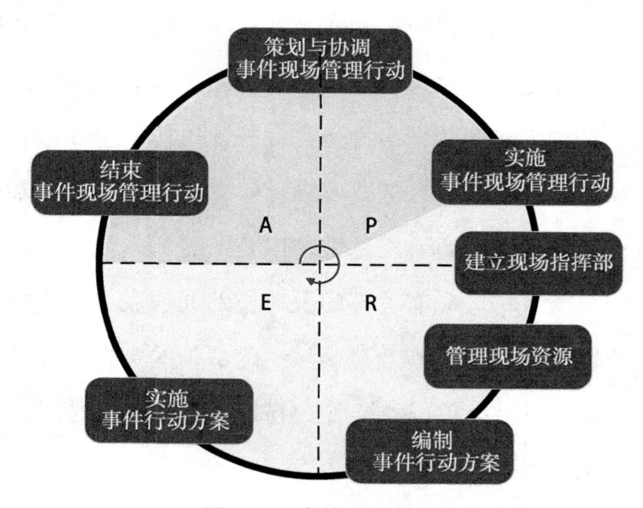

图3-2 事件现场管理任务分析

1. 策划与协调事件现场管理行动

主要指结合了解到的突发事件情况，有关部门针对事件现场管理需求开展策划和协调等工作，要求持续至行动结束。子任务主要有以下几个方面：建立并维护与应急指挥中心、调度中心和应急响应单位等的通信联系；指导并协调到场的各类应急力量；监测/分析所调集资源的使用情况，并根据需要请求增援。通常要求30分钟内与国家或地方有关部门建立通信联系，要求在完成现场初步评估后5分钟内提出增援需求。

2. 实施事件现场管理行动

主要指为响应突发事件，有关单位到达现场后尽快提供现场初步报告，开展应急处置活动，并对事件现场实施管理及相关策划与协调等工作。子任务主要包括第一批到达现场的单位开展初步评估，判断灾害规模，初步确定现场需要实施管控措施的边界，启动并建立现场指挥机制，并为现场作业任务和事件现场管理申请增援；必要时，向到任指挥人员移交指挥权。通常要求2分钟内向第一批到场单位说明事件初始情况。

3. 建立现场指挥部

主要指调集现场指挥部开设所需的人员及设施，以便实施现场应急指挥控制等工作。子任务主要包括启动现场指挥机制，设立现场指挥，明确应急指挥部的组织结构，包括管理事件所需的分支机构、工作组和相关部门，以便满足相关的目标、战略和策略要求；建立现场指挥部、基地、营地、集结区、直升机停机坪或直升机基地，以及所需的其他设施；建立并维护与各类相关应急指挥中心和有关部门及单位的通信联系；建立与专业应急救援力量的协同关系；对于涉及跨区域、跨部门的突发事件，建立联合指挥机制。通常要求第一批单位到场后5分钟内设立现场指挥部。

4. 管理现场资源

主要指按照有关政策和程序，确保提供所有必需的资源并追踪它们的使用情况等工作。子任务主要包括按程序采购、分配并追踪资源使用情况；监测/分析所调集资源的使用情况，并根据需要请求增援；通过应急指挥中心或多部门协调机制请求援助；指导并协调到场的各类应急力量。

5. 编制事件行动方案

主要指编写事件行动方案，说明所有必要要素，并获得有关方面批准等工作。子任务主要包括确定目标、优先事项和运作周期（operational periods），运作周期一般不超过24小时；根据确定的目标，编写事件行动方案，明确完成优先事项的程序及需要开展的作业；获得指挥长对事件行动方案的批准；向到场应急力量充分有效地说明事件初期处置的优先事项和目标。通常事件行动方案应在指挥长确定后12小时内完成并获得其批准，方案中应将上级决心和意图转化为清晰可测量的目标，说明整个运作期间需要坚持的行动战略和战术策略事项。

6. 实施事件行动方案

主要指在每个运作周期，向到场单位分发事件行动方案，围绕实现预期目标所开展的相关工作。子任务主要包括通过工作会议形式（operational briefing）向其他响应单位传播事件行动方案；根据当前事件行动方案指导相关工作，以便实现目标要求；考虑潜在的影响区域，建立相应的事态控制机制；引导相关工作以便有关人员履职尽责；评审突发事件应对处置目标的实现情况；基于资源需求审查更新事件行动方案；根据事态演化发展情况，评估、修订相关行动策略及其优先序。通常要求事件行动方案批准后30分钟内与其他相关方面分享，每个运作周期开始时召开一次正式的工作会议，新的运作周期开始前完成事件行动方案评估修订，事件现场所有应急管理活动需在现场指挥或现场指挥部的统领下开展。

7. 结束事件现场管理行动

主要指在突发事件应急处置工作结束，或者相关威胁、危害得到控制和消除后，有关党委、政府或应急指挥机构、部门宣布应急结束，撤销成立的现场指挥部，事件现场转入以恢复重建为主的相关工作。子任务主要包括实施有关响应终止方案，从突发事件应急处置阶段向恢复重建阶段转换，监督响应终止和工作转换过程，有关应急资源恢复常态服务等。

（二）关联性分析

事件现场管理行动与应急指挥中心响应、救灾物资管理与服务、消防、维护社会治安、应急人员安全健康、抢险处置、爆炸物处置、搜救、危险化学品处置、核生化处置、紧急医学救援、指挥与协调、受灾群众临时安置、受灾群众生活保障、流行病调查与卫生防疫、遗体管理与殡葬服务、信息发布、保护公众（疏散与避难）等行动相关联。事件现场管理关联性分析如图3-3所示。

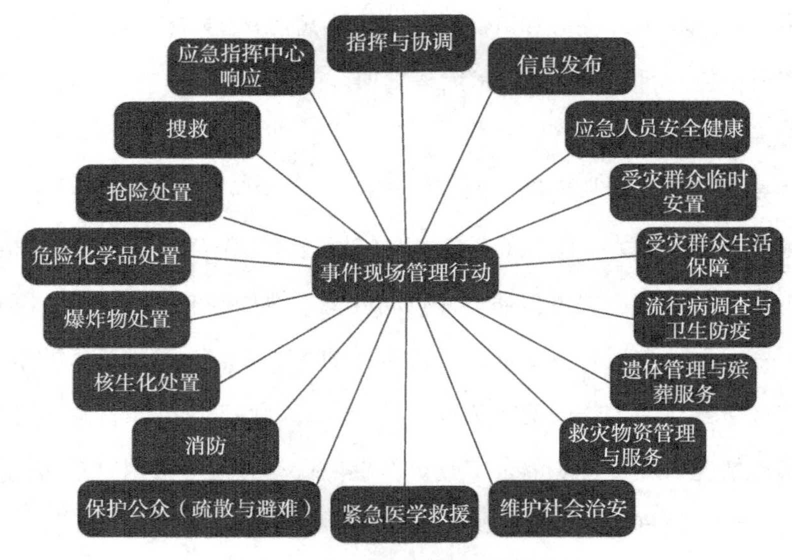

图 3–3　事件现场管理关联性分析

①指挥与协调。事件现场管理行动需接收并贯彻落实来自指挥与协调层面（党中央、国务院及地方党委和政府有关领导同志）的要求和部署。

②应急指挥中心响应。事件现场管理行动需向应急指挥中心请求资源，并向其定期报告有关突发事件现场应急处置情况。

③救灾物资管理与服务。事件现场管理行动负责接收救灾物资请求，协调救灾物资的分配事宜。

④消防。事件现场管理行动负责接收消防资源请求和更新事态进展情况。

⑤维护社会治安。事件现场管理行动负责接收公共安全与安保方面的资源请求，协调相关资源的分配事宜。

⑥应急人员安全健康。事件现场管理行动负责提供有关保障应急人员安全健康所需的资源。

⑦抢险处置。事件现场管理行动会与各项抢险处置任务产生交叉，一方面为抢险处置提供管理支撑，另一方面为抢险处置的有序性提供各种保障。

⑧爆炸物处置。事件现场管理行动负责接收爆炸物处置有关的资源请

求，并提供相关资源。

⑨危险化学品处置。事件现场管理行动负责提供危险化学品处置行动所需应急资源，并按要求对危险化学品处置行动提供技术援助和支持。

⑩核生化处置。事件现场管理行动需要为核生化处置提供必需的应急资源，如空间支持、力量支持、协同支持、信息支持，以及必需的技术援助和支持等。

⑪遗体管理与殡葬服务。事件现场管理行动负责接收处理遗体的资源请求，并与有关方面开展协调工作。

⑫搜救。事件现场管理行动与搜救行动协调，以确定搜救所需的资源，确定搜救行动的作业区域。

⑬受灾群众生活保障。事件现场管理行动负责处理有关受灾群众生活保障、受灾群众临时安置所需的资源请求，并为受灾群众提供相关帮助，包括灾区医疗、教育等方面的服务。

⑭受灾群众临时安置。事件现场管理行动负责处理有关受灾群众临时安置所需的资源请求，包括供电、通信、商业、交通、休息等方面的服务。

⑮流行病调查与卫生防疫。在突发事件有可能对人体健康有不利影响时，事件现场管理行动应同流行病调查与卫生防疫行动开展相关协调工作。

⑯紧急医学救援。紧急医学救援行动，包括急救中心和医院协调，确保伤病人员快速分诊、应急治疗和转运，并跟踪离开事件现场的患者数量、目的地和后期处置情况。

⑰信息发布。事件现场管理行动与信息发布行动协调，提供相关支持，以确保及时向公众发出警告和通知。

⑱保护公众（疏散与避难）。事件现场管理行动在接收保护公众相关决策指示后，应与保护公众行动的有关方面协调，并提供相关支持，确保公

众收到有关是否需要避难或撤离的正确信息。

（三）任务基本流程

图3–4为事件现场管理的任务基本流程，通常，在接报突发事件后，会协调调度第一批力量赶赴现场，开展事件现场管理的策划与协调工作，

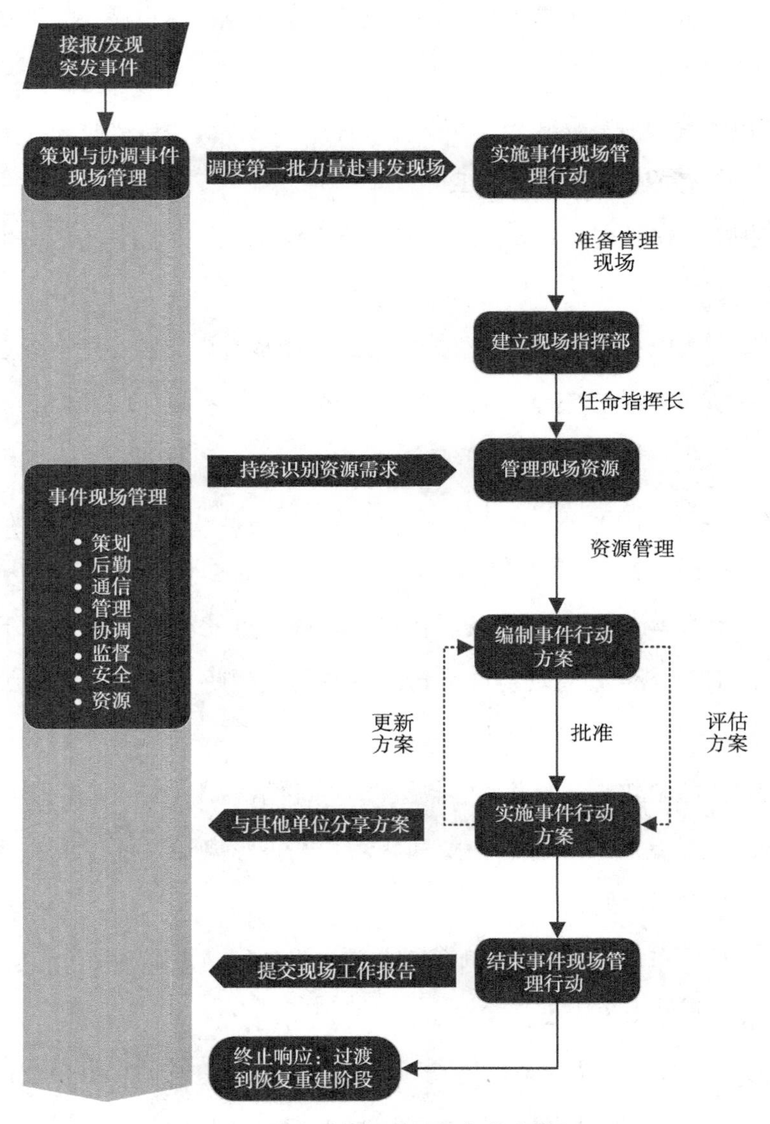

图3–4　事件现场管理任务基本流程

包括现场指挥部的选址、搭建、基本保障配备（如通信、后勤、交通保障）等，随后，正式建立现场指挥部，明确总指挥长与副指挥以及成员单位，确保突发事件相关处置单位和部门都被纳入指挥部架构内。现场指挥部建立完成后，则需要针对现场的资源，如交通、队伍、车辆、空间位置等进行系统性管理，确保现场秩序的有序性、安全性和可靠性。同时，现场管理还包含对事件行动的跟踪、协调、评估、更新与调整，确保现场管理人员时刻了解事件处置进度及基本情况，实现管理人在回路，直到事件处理完毕，收到响应终止的指令，现场管理流程则可过渡到恢复重建阶段。

二、应急指挥中心响应

应急指挥中心响应是指启动或运行的一个应急指挥控制设施，以便针对重大活动或突发事件应急管理活动提供多部门协调的支持，包括启动、通知、配置人员和终止响应的工作，决策、指挥、控制和协调有关应对处置与恢复重建工作，协调相邻各级地方政府、企事业单位的工作，协调信息和预警发布工作，维护相关信息情报与通信联络工作，等等。其目的是通过多部门协调，使重大活动或突发事件得到有效管理。常见的应急指挥中心包括国家（或区域）、地方政府及有关部门的应急指挥中心，如应急指挥中心、公安指挥中心、消防指挥中心、交通指挥中心等。

（一）任务分析

任务分析包括策划与协调应急指挥中心响应、启动应急指挥中心、收集并提供信息与情报、识别并解决问题、保持应急指挥中心响应的衔接性、支持和协调相关响应行动、终止应急指挥中心响应7项任务，如图3–5所示。

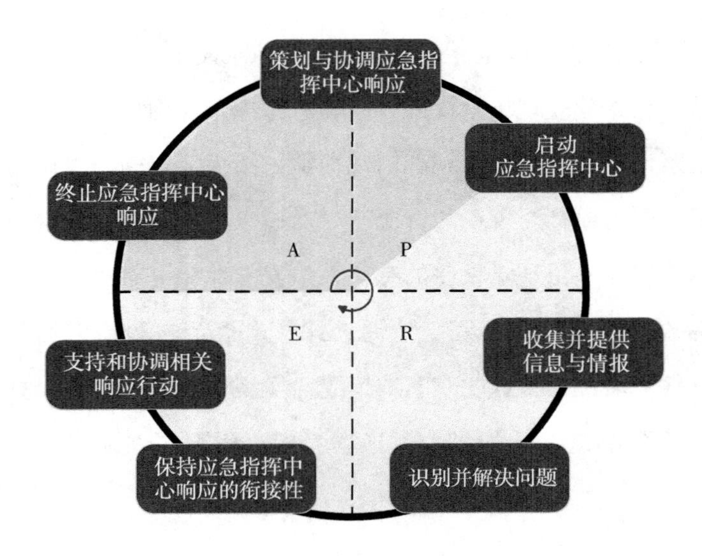

图 3–5 应急指挥中心响应任务分析

1. 策划与协调应急指挥中心响应

主要指在接到突发事件发生情况后，启动应急指挥中心，召集相关人员，按照应急预案和标准操作规程组织相关工作；策划、指导和协调应急指挥中心信息和活动方面的工作，包括中心内部各职能部门之间、中心与外部其他多部门协调机构之间，以及中心与大众传媒机构之间的信息和活动；协调后勤保障，维持中心的正常运转，直至应急响应结束。子任务主要包括建立应急指挥中心的组织及其行动协调部门，确保所有职能都配置有责任人员，引导所有支持单位到位，确保应急指挥中心人员和装备适当的轮转休息与维护保养周期，为应急指挥中心工作人员和支持单位人员安排庇护所、住所及餐食服务，为轮换下来的应急指挥人员和群众提供庇护所、住所及餐食服务，协调责任区域内的应急管理活动，承担从响应阶段向恢复阶段转换的相关工作。

2. 启动应急指挥中心

主要指接到启动指令后，开展通知工作，召回关键人员，运行应急指挥中心相关工作系统，以便提供一个全员且可实际运作的应急指挥中心。子任务主要包括启动应急指挥中心，向应急指挥中心有关人员发出通知、警示和要求回应，向抵达应急指挥中心的人员简要介绍有关情况，尽快向事发区域派出赴前工作组。通常要求接到启动指令后2小时内全员配置到位并开展相关工作，人员到位后15分钟内完成情况简介和任务安排，事发1小时内派出赴前工作组。

3. 收集并提供信息与情报

主要指在建立起应急指挥中心行动部门后，收集、组织和记录所有关于有关事件态势和资源的信息，保持应急指挥中心内部以及整个横纵应急组织指挥体系中的态势感知。子任务主要包括与其他参与突发事件应急处置工作的机构建立适当的联系；验证所有参与支持应急指挥中心工作的相关公共安全的通信中心，包括提供直接服务和间接服务的，确保都与应急指挥中心建立通信联系；监测通信与信息系统的运行情况；收集、分析和传播信息与情报；协调与各级政府应急指挥中心的应急管理工作；协调非政府机构和有关企业，收集/分享有关事件情况的数据；确保采取适当的通知措施。通常要求30分钟内建立与相关通信中心的联系，应急指挥中心开始运作2小时内有关单位提出一份事件行动方案，明确时间计划并设定中心的运作周期，同时编制并分发一份态势报告，态势报告一般要求在每个运作周期至少编制一份。

4. 识别并解决问题

主要指在收到信息后，评估并识别当前和预计的资源短缺、技术支持问题，以及各方均需要的重大决策，并将这些问题提交给相关机构、部门、地方政府或跨部门协调机构予以解决。子任务主要包括查找突发事件应对处置中存在的问题；识别需求/问题，将它们提交给上级指挥，并追踪后续处理情况；追踪问题直到问题被解决。从识别出问题到咨询有关决策者的时间通常不得超过30分钟。

5.保持应急指挥中心响应的衔接性

主要指在发现问题后，确定指挥部之间的优先顺序，为应急处置提供战略方向，协调解决多部门间的政策问题等工作，包括提出保护公众行动建议和保护行动方面的决策。子任务主要包括在法律顾问支持下协调法律和监管问题；推动解决灾区的法律、政策、政治、社会和经济等方面的敏感问题，防止因此影响相关的应急处置和恢复工作；根据需要推动制定保护公众行动措施的决策，以及有关隔离和隔离检疫措施的决策；实施业务连续性计划（COOP）和政府连续性计划（COG）。通常要求事发后4小时内建立与现场指挥部、相关应急指挥中心的通信联络，2小时内实施业务连续性计划（COOP）和政府连续性计划（COG），2小时内启动并部署预置的应急救援队伍，4小时内承担现场勘测支援的队伍和遥感飞机部署到位（事发区域）。

6.支持和协调相关响应行动

主要指一旦收到请求，须通过协调场外机构、组织和地方政府的行动，请求更高层面的援助等，向现场指挥部提供资源、技术和政策方面的支持。子任务主要包括根据现场指挥或应急指挥中心的要求提供指导、信息和支持，协调有关方面提供资源，协调物流配送，为潜在风险隐患识别提供支持。通常在应急指挥中心开始运作后2小时内识别出是否需要企业、上级政府、有关部门或国家层面提供资源支持。

7.终止应急指挥中心响应

主要指应急处置阶段工作完成后，终止应急指挥中心响应，归档相关记录，并将有关系统、补给和人员配备恢复到事前就绪状态，或者适合开展恢复重建工作的状态。子任务主要包括执行应急响应终止方案，编制应急处置工作总结报告（AAR）；应急指挥中心恢复常态化运行或停用；补充应急指挥中心资源消耗，恢复到正常水平。通常要求接到首次复原要求后2小时内，应确定应急指挥中心复原标准，接到停用指示后24小时内复原/停止使用应急指挥中心。

（二）关联性分析

应急指挥中心响应与所有应急处置阶段的行动相关联（见图3–6）。

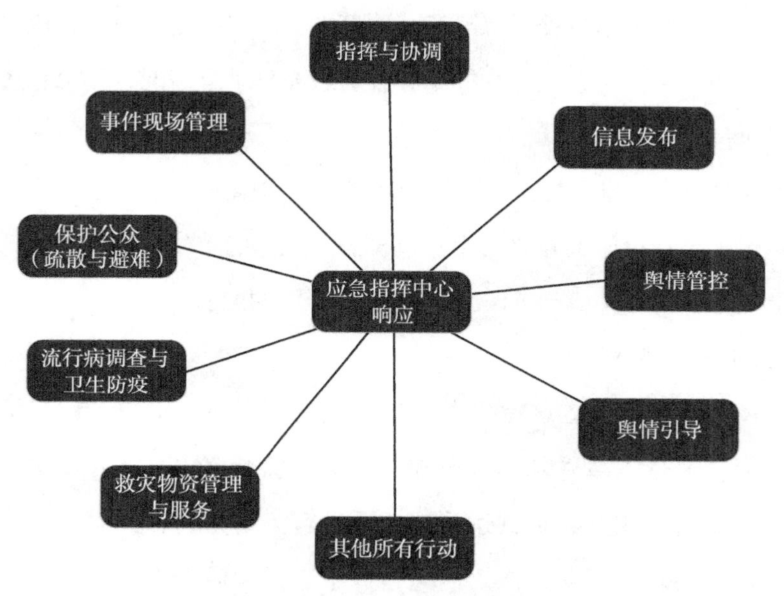

图3–6 应急指挥中心响应关联性分析

①指挥与协调。应急指挥中心管理层需接收并贯彻落实来自指挥与协调层面（党中央、国务院及地方党委和政府）的要求。

②事件现场管理。应急指挥中心管理层与事件现场管理层相互配合，协调资源物流、信息共享、决策及其他所有行动的实施，与现场指挥长紧密协作，制定突发事件应对处置工作优先序，解决资源请求，解决影响现场应急处置工作中涉及的政治、经济、政策、法律或监管，以及社会方面的问题。

③信息发布、舆情管控、舆情引导。应急指挥中心管理层负责向媒体

和公众发布公共信息与预警，并从公共信息和预警发布单位中获取可能影响应对处置工作的错误信息和谣言信息。

④救灾物资管理与服务。应急指挥中心管理层与救灾物资管理与服务单位协调，以便根据事件优先序分配资源。

⑤流行病调查与卫生防疫。适当情况下，应急指挥中心管理层从流行病调查与卫生防疫单位处听取隔离与检疫方面的保护措施建议，流行病调查与卫生防疫单位协助应急指挥中心管理层充分了解情况，作出相应决策并予以执行。

⑥保护公众（疏散与避难）。适当情况下，应急指挥中心管理层收到有关采取保护公众措施的建议，负责保护公众工作的单位协助应急指挥中心管理层充分了解有关情况，作出相应决策并予以执行。

（三）任务基本流程

如图3-7所示，应急指挥中心属于非临时搭建的指挥部，当接报突发情况后，会依据事件基本情况选择启动应急指挥中心，并按照指挥中心运作机制召集相关人员到达指挥大厅进行集中办公，此时，应急指挥中心就由常态转为了非常态。应急指挥中心作为后方发挥综合协调和资源支持的总指挥部，需要重点对前方事件处置基本情况和各方态势有充分把握，因此，应急指挥中心启动后，各领域人员需收集相关信息及情报，为综合指挥决策提供态势情况。同时，需要针对当前态势开展研判和分析，识别需要解决的问题，如资源短缺、保护公众、信息发布、舆情引导等，并形成事件应对的优先级列表，针对处置难题开展综合研判和最终决策，协调可协调的资源，获得可获取的支持，为各项应急响应行动提供支撑，直到事件响应结束。这个过程中包含了突发事件信息管理、数据融合与情报分析、态势研判和决策等多个重要工作。

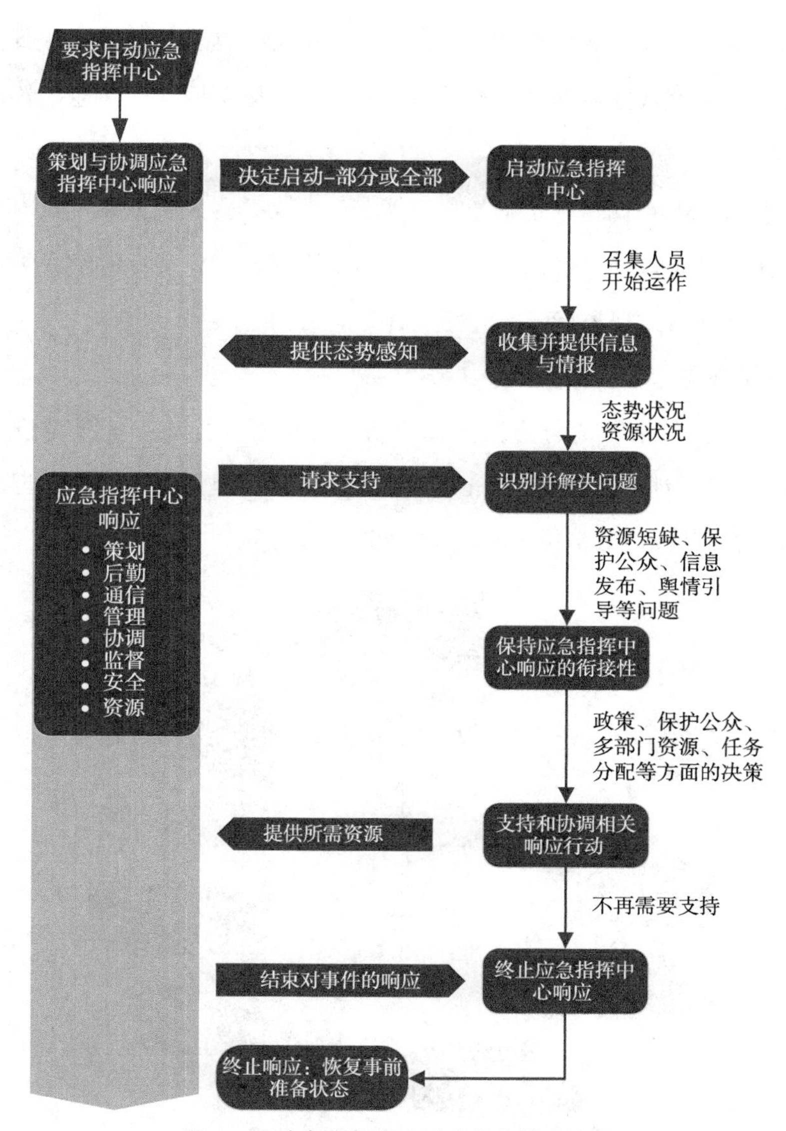

图 3–7　应急指挥中心响应任务基本流程

三、搜救

搜救行动指找到并解救失联、被困的遇险人员，包括为遇险人员提供现场应急医疗救护活动等，在没有遇险人员或所有遇险者均已获救的情况下，也包括解救群众财产（如被困牲畜、宠物等）。搜救行动适用于所有突发事件，按照搜救区域划分，搜救行动可细分为城市搜救、山地搜救、水上搜救等。

搜救行动的预期目标是解救尽可能多的遇险者，并在最短时间内转移至紧急医学处理设施，使遇险者得到及时的医疗救治，确保遇险者生命安全。同时，搜救过程中需确保应急人员安全。

（一）任务分析

任务分析包括策划与协调搜救行动、启动搜救行动、资源与技术支持、现场评估与搜救优先序及策略、搜索、营救、提供应急医疗护理、搜救力量重新部署/遣散8项任务，具体如图3–8所示。

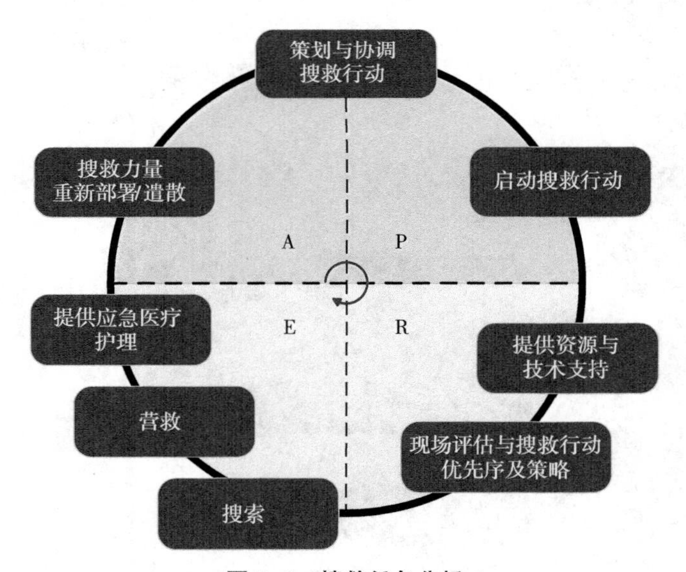

图3–8　搜救任务分析

①策划与协调搜救行动。在接到人员被困通知后，管理和协调搜救能力，直到搜救力量复原结束。子任务主要包括接收或接受搜救行动指令或申请；组织搜救行动的策划过程与相关行动简报会议，识别事发地点的物流保障能力，以确定搜救力量是否需要有自我保障能力；维护所有搜救力

量的职责与任务；指导现场搜救力量的行动，确定是否需要增援；及时提供态势感知和响应信息，记录并维护搜救行动情况，以便事后行动总结或评审；制定搜救力量重新分配/复原方案，必要时重新分配或轮换技术专家。

②启动搜救行动。在接到通知后，动员搜救力量到达事发现场并准备开展工作。子任务主要包括接收或接受搜救行动指令或申请；参与搜救策划过程和行动简报会；启动动员程序；在指定地点集结人员和装备；根据请求部署国家和地方的搜救力量；将搜救力量（人员和装备）运送到事发现场；收集和分析事件信息，协助搜救力量部署工作。

③提供资源与技术支持。搜救力量到达现场后，有关方面提供必要装备及补给，并开展相关的追踪与维护，以及提供搜救力量所需的营地支持。子任务主要包括参与搜救策划过程和行动简报会；建立搜救行动的营地，通常按要求应在60分钟内为初期搜救力量建立实用型的营地；维护搜救装备/补给使用情况；为搜救人员提供医疗服务。

④现场评估与搜救行动优先序及策略。搜救力量到达现场并配备装备后，对指定的搜救工作区域进行快速评估，并向指挥人员建议搜索的优先次序/行动策略。子任务主要包括勘察评估事发现场和搜救工作区域，确定搜救路线；评估事发现场和搜救工作区域的危险性，包括危险有害物质或其他环境条件；绘制搜索区域地图，用于搜索和救援的战术行动；向搜救力量指挥层报送勘察评估结果并提出优先事项建议，勘察评估小队通常应在1小时内就搜救优先次序和行动策略提出初步建议。

⑤搜索。针对分配的搜索行动区域，执行搜索任务。子任务主要包括参与搜救策划过程和行动简报会，针对重特大突发事件的系统性搜救行动通常要求在行动简报会后30钟内展开；确保现场/场地安全（安保、支撑、

碎片）；搜索区域内的遇险人员；使用警犬、物理和电子搜索技术搜索遇险人员；确定并记录潜在/实际遇险人员位置及有无生命体征；引导有行动能力的遇险人员至安全集结点；定期向搜救行动指挥人员报告搜索工作进展情况，通常要求每30分钟报告一次态势及资源的最新状况；维护搜索人员、装备和补给使用情况。

⑥营救。针对获知位置的遇险人员，执行营救任务。子任务主要包括参与搜救策划过程和行动简报会；确保现场/场地安全（安保、支撑、碎片），解救过程中，针对影响应急人员及遇险人员安全的情况，通常要按照规定程序降低要求；与医疗人员协调解救的策略；解救被困的遇险人员；解救过程中定期报告进度情况，通常要求每30分钟报告一次态势及资源的最新状况；维护营救人员、装备和补给使用情况。

⑦提供应急医疗护理。靠近和成功营救遇险人员过程中，与医务人员协调，治疗遇险人员并将其转送至更为合适的医疗机构。子任务主要包括参与搜救策划过程和行动简报会，与搜救人员和医务人员协调医疗救治工作，将生还的遇险人员转移到更为合适的医疗机构，按有关规定对遇险人员进行包扎和医疗稳定处理，维护营救人员、装备和补给使用情况。

⑧搜救力量重新部署/遣散。完成指定任务后，搜救力量脱离搜救工作区域，并向有关指挥人员汇报情况。子任务主要包括重新包装相关装备，通常要求在遣散12小时内包装好相关装备；关闭搜救营地，通常要求在12个小时内完成营地关闭；安排搜救力量和装备的交通运输事宜；向搜救行动指挥人员汇报有关情况。

（二）关联性分析

搜救行动与应急指挥中心响应、事件现场管理、应急人员安全健康、抢险处置、危险化学品处置、爆炸物处置、核生化处置、消防、紧急医学救援、受灾群众临时安置、流行病调查与卫生防疫、遗体管理与殡葬服务、维护社会治安等行动相关联。关联关系如图 3–9 所示。

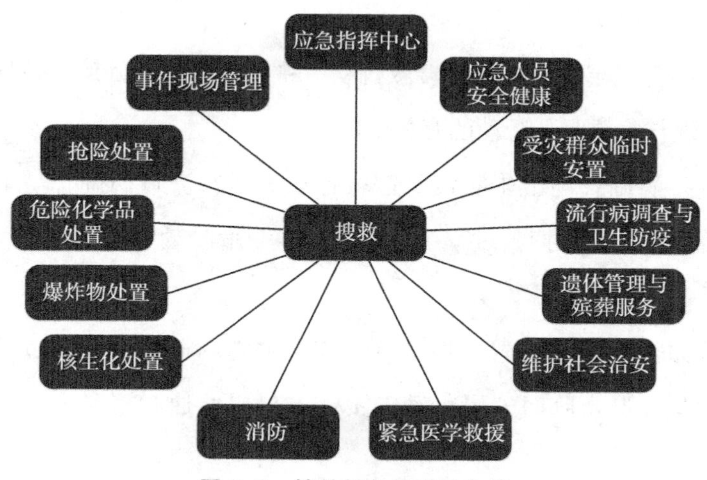

图 3–9 搜救任务关联性分析

①事件现场管理。搜救行动被纳入突发事件应急指挥体系，符合事件现场管理行动的管理要求，接收现场指挥部的指导。

②抢险处置。搜救行动应与负责抢险处置、危险化学品处置、消防、爆炸物处置与核生化处置行动协调，确定现场危险状况，确保搜救人员拥有适当的防护装备，使搜救人员和防护装备得到适当的净化处理。

③危险化学品处置、爆炸物处置、核生化处置。三者要与搜救相互协同，搜救时要注意危化品、爆炸物和核生化处置情况，避免造成搜救人员伤亡或次生衍生事件。

④消防。消防包括消除隐患和预防隐患，狭义上指减少火灾对生命财产安全造成的影响。搜救同样要与消防相互配合。

⑤紧急医学救援。搜救行动与紧急医学救援行动协调，确保解救过程中和解救后能向遇险人员提供应急医疗护理。

⑥维护社会治安。搜救行动需依靠维护治安行动提供公共安全与安保支持，确保搜救行动区域的安全，能将遇险人员从该地区安全转移，确保搜救行动营地的安全。

⑦遗体管理与殡葬服务。搜救行动应将行动中遇到的遗体位置通知负责遗体管理与殡葬服务行动的有关部门。

⑧流行病调查与卫生防疫。搜救行动需通知流行病调查与卫生防疫行动方面协调，通知搜救过程中遇到的牲畜、危险动物和受伤野生动物的位置。

⑨受灾群众临时安置。搜救行动需将解救的遇险人员的位置及相关信息通知受灾群众临时安置行动的责任方，以便通知遇险人员亲属等相关方。

⑩应急人员安全健康。参与搜救行动的有关单位应在行动过程中确保应急救援人员的健康和安全，确保采取适当的预防措施，提供个体防护装备/用品。

（三）任务基本流程

图3-10为搜救任务实施的基本流程。通常情况下，由现场指挥部或统一的信息汇集组织接收人员遇险被困或失联信息，接到信息后，该部门或组织会依据当前力量使用情况，通知与之相匹配的力量开展搜救行动。搜救力量到达现场后首先会在各项资源和技术支持下进行现场基本情况勘察，评估现场风险及搜救行动优先序和策略，当遇到幸存的被困人员后，还需提供医疗救治，所以在地震灾害中，一支搜救队伍的构成通常包含医护人员，甚至地质领域或建筑领域专家，以提供医疗救治和深埋人员搜救的策略指定支持。搜救结束后，搜救力量需要返回基地获取新的部署任务或者遣散。

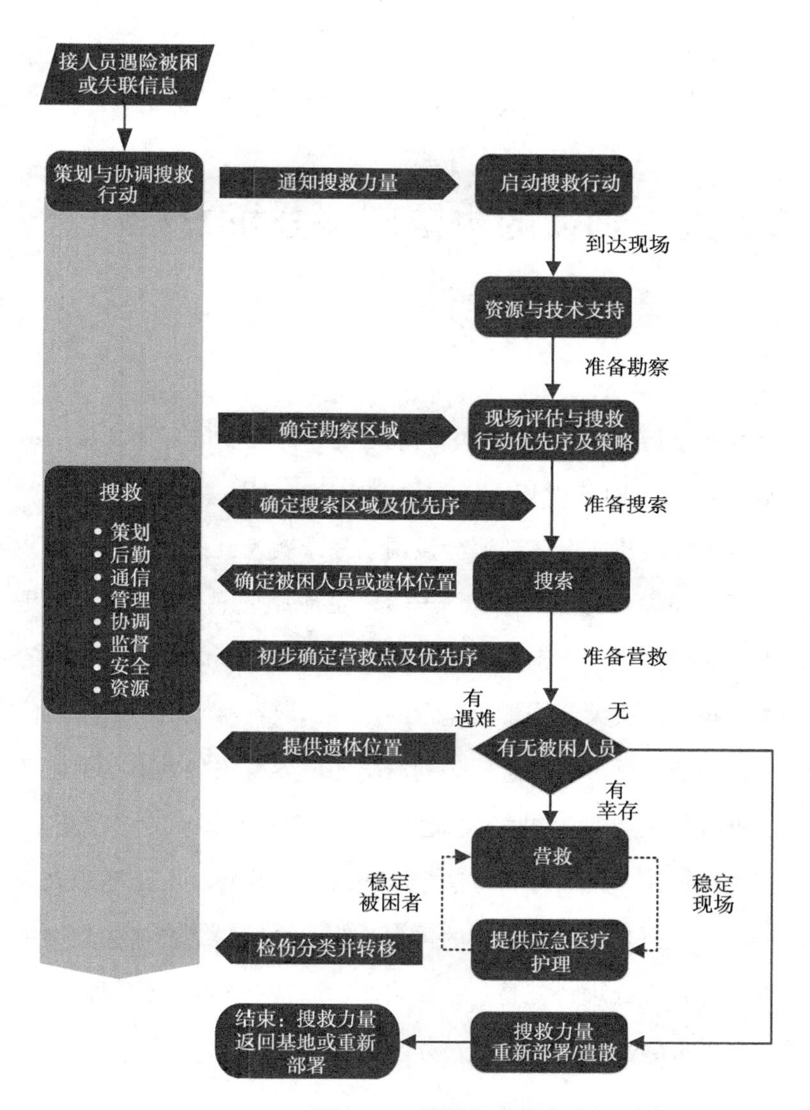

图 3-10　搜救任务基本流程

第四章

基于人工判读的决策部署分析方法

决策部署大多是指挥长在指挥部中围绕当前态势作出的工作部署，由于指挥长经验、经历不同，对相同工作部署内容的表述就有可能存在差异，如对人员救治的表述，有些部署会强调立刻开展人员救治，有些部署会强调尽最大可能保护人员生命安全，虽然表述有所差异，但本质上都是强调了要对人员安全负责。人工判读的目的就是对表述不同但含义相同的部署进行分类，将一份决策部署中所包含的内容归属到所限定的部署指标当中，部署指标与前文标准化应急任务列表中的内容有关。本书在阐述基于人工判读的决策部署分析方法时，以地震灾害为例进行说明。

基于人工判读的决策部署分析方法主要包含三个步骤：一是基于人工判读的指标分类；二是基于处理数据的再次计算，也就是结合指标分类结果进行数据再次计算和处理；三是基于网络图谱的数据分析，选择运用网络图谱形式展示决策部署行为特征。

一、基于人工判读的数据分类

（一）决策部署的基本态势

中国地震台网中心监测到202×年7月21日15时28分某地出现7.6级地震，震中地区严重受灾，周围地区普遍有震感，地震造成大量建筑物倾斜破损，老旧小区建筑物倒塌，有学校、培训机构建筑物倒塌，多处工厂、民宅起火，已经造成大量人员伤亡和受困，部分地区出现多处山体滑坡，震区境内还有外籍人员、港澳台旅游团。震中地区交通、供电、通信等基础设施均不同程度受损，部分交通线路拥堵严重，且据气象台预测，震中预计最近两天会出现新一轮降雨和高温天气。国内国际高度关注灾害情况，易引发网络舆情和国际社会反应。此时，危机发生初期需要针对此次突发事件开展决策部署。

（二）决策部署数据分类

决策部署的主要内容并不具备标准答案，决策本身并不存在对错，只有合不合适。但决策部署上依然遵循两个方面的逻辑：一是具有全面性，即突发事件应讲究全面性，照顾到各方面可能存在的风险，在保护公众、降低脆弱性的同时，提升恢复力，维护态势稳定和秩序，将风险的影响降到最低；二是具有优先级，危急时刻给予处置人员开展处置工作的时间窗口有限，且人力、物力资源短期供给也有限，优先级决定了哪些任务可以重点优先开展。同时，有些处置任务还具有时序性，必须在其他任务完成的基础上开展，因此，决策部署的优先级决定了有限时间、资源条件下的优先选择和处置目标，以及如何在优先选择下保障任务实施的有序性。这对于实际任务开展以及各项目标的实现都非常重要。围绕这两个逻辑，本书探索决策部署行为的分析方法。

为了便于开展数据处理，需要将决策部署数据按照图3-1中的应急任务列表进行对应和分类，并整理形成二维表格，横向表示10项目标和40项标准化应急任务，纵向为每一份决策部署的编号，即该二维表格的每一行都代表一份决策部署数据。当某份部署数据中包含某个标准化应急任务时，会在横纵向对应位置标记非0值，为了呈现决策部署的优先级，依次出现的应急任务会按照1，2，3……的顺序依次标记。最后将所有决策部署文件判读并分类完成后，可以得到一个完整的二维表格（未被标记的空白区域可标记为0值，便于后续计算）。

二、基于处理数据的再次计算

将原始数据转换为基于标准化应急任务列表的结构化数据后，就可以依照分析框架进行数据再计算和分析了。在数据再计算上，本书借鉴了CiteSpace进行共现网络绘制和分析的逻辑，创新了分析工具，结合分析目标对处理的结构化数据也进行共现分析，这里主要介绍两种共现分析方法。

（一）基于指标出现次数的共现分析方法

因为每份部署都是同一个人做的，能够体现同一个人的决策行为特征，因此，在进行共现分析时，共现窗口设计为一个人所作出的部署，即对结构化数据中每一行数据作分析，在这一行数据中，同时出现的应急任务指标之间具有共现关系，否则没有。如果两个应急任务指标总是同时出现，那么两者之间的共现关系数量会叠加，形成共现关系权重，权重越大共现关系越强。这意味着，两个任务指标总是在决策时被关联到一起，且大多数人作决策时会想到要做这两个任务的部署，这便是一种决策偏好。那么，对应地，也存在极少会被关联到的两个应急任务以及较少被部署到的任务，如果考虑决策部署的全面性，这类任务便属于容易被忽略的内容。

（二）基于指标PMI值的共现分析方法

基于指标出现次数所得到的共现关系只能体现两个应急任务指标被同时部署的总次数，部署的人越多其共现次数也就越多，虽然一定程度上也能够体现两个指标总是被关联到一起，但如果其中一个指标总是出现，它也会与其他指标总是关联到一起，也就是说，基于指标出现次数所得到的共现关系并不能完全体现两个任务指标关联关系的紧密度，其紧密程度还需要从相对共现关系上进行考量。如果两个指标本身出现的次数都不多，但只要出现就总是会与对方同时出现，那么这两个指标就具有较强的关联关系，本书将这种关系称为相对关联关系，基于指标出现次数共现呈现的关联关系被称为绝对关联关系。如果两个任务指标的相对关联关系比较强，那么就可以认为这两个任务指标大概率会同时被部署。在呈现两个任务指标相对关联关系上，本书借鉴了互信息（pointwise mutual information，PMI）的概念，PMI是概率统计学领域的一个重要概念，是评估两个关键词相关性的指标，其计算方法为：

$$\mathrm{PMI}=\log_2\frac{P_{1,2}}{P_1\times P_2}$$ 公式（1）

其中，P_1、P_2分别表示任务1和任务2在所有任务部署中单独出现的概率，$P_{1,2}$表示任务1和任务2共同在所有任务部署中出现的概率。PMI呈现了两个任务共现概率在两个任务各自出现信息中的相对值。为了契合本书的分析，在计算PMI时，本书仅以$\frac{P_{1,2}}{P_1\times P_2}$为PMI值，不进行对数计算。PMI值越大，两个任务指标的相对关联关系越强。

（三）基于指标出现次数的决策路径分析

前文提及过，决策部署除讲究全面性之外，还讲究部署的优先级。那么原始数据中所呈现出的部署优先级是怎样的？这也是本书在这部分研究中想要探索的重要内容。在最初对原始数据进行处理时，就已经对应急任务部署出现的顺序进行了标记，此时，只需要将标记好的顺序依次联系起来就可以。仍旧是以一个人的部署为共现窗口，第一个出现的任务指标会与第二个出现的任务指标相连，并且两者之间的关系是有向的，必然是前一个任务指标指向后一个任务指标，依次类推，直至一行数据读取和处理完毕，最后可以得到一个多人部署结果呈现出的具有决策先后顺序的有向网络数据。如果两个任务指标之间的有向关系总是出现，其关系权重也会叠加得更大，即边权重越大共现关系越强，同时按照这个决策顺序进行部署的人也就越多，这就呈现了决策部署优先级的特征。由于PMI值的计算需要基于全部原始数据，无法进行单个人的决策路径分析，因此这里仅实现基于指标出现次数的决策路径分析。

三、基于网络图谱的数据分析

通过对结构化数据再计算形成了上述三个方面的处理数据，形成的处理数据会以网络的边列表结构输出，结合Gephi，能够快速呈现共现网络的结构特征。本书以某次地震演练的决策部署数据为例，进行分析。基于前文所述的决策态势，在演练初期会要求演练人员针对给定态势和情景进行决策部署，为了框定一个决策部署数据的可测范围，通常会在演练人员进行决策部署之前给定一个初始的决策部署样例，如下所示：

一要全力加强人员搜救，这是第一位的工作；

二要千方百计救治伤员，需要转运外地的伤员要尽快转运；

三要做好受灾群众的安置工作，确保受灾群众的衣被、帐篷、食品等需要；

四要高度重视防范次生灾害的发生，对病险水库要加强监测，并采取措施确保安全；

五要加强震情监测预报和分析研判；

六要做好社会稳定各项工作，切实维护灾区社会秩序；

七要充分发挥基层党员干部的先锋模范带头作用，充分发挥解放军、武警部队和消防救援队伍的突击队作用；

八要加强抗震救灾组织领导，坚持科学抗震救灾、依法抗震救灾、合力抗震救灾，有力有序有效地抗震救灾。

在给定的部署样例上演练人员可以根据自己的判断对部署样例中的内容进行删除、添加和顺序的调整，包括表述上的调整。给定决策部署样例是一种观测决策部署数据的方法，通过这种方法可以让演练人员做更多的“选择题”，对样例中的内容认可还是不认可，这已经是一种决策偏好的体现了。如果不给定决策部署样例也是可以的，这种情况下就是让演练人员做更多的“填空题”，那么在数据观测上，可能会因为演练人员差异性较大、思维较为发散，造成数据中存在更多的干扰因素而无法准确地得出演练人员更多的决策偏好特征，除非我们给定的情境本身就使得决策部署范围有所限定，不会太过发散，那么不给定决策部署样例的方法也是可以采用的。

（一）基于指标出现次数的共现网络分析

根据本书提出的标准化应急任务列表，以及决策部署的分析方法，可以得到如图 4–1 至图 4–3 所示的共现关系网络图和决策部署路径图谱。我们所给定的决策部署样例包含的应急任务和目标如下：搜救、减少人员伤亡、紧急医学救援、受灾群众生活保障、受灾群众临时安置、防治次生衍生事件、事件监测与预警、保护关键基础设施、维护社会稳定、维护社会治安、数据融合与情报分析、指挥与协调。

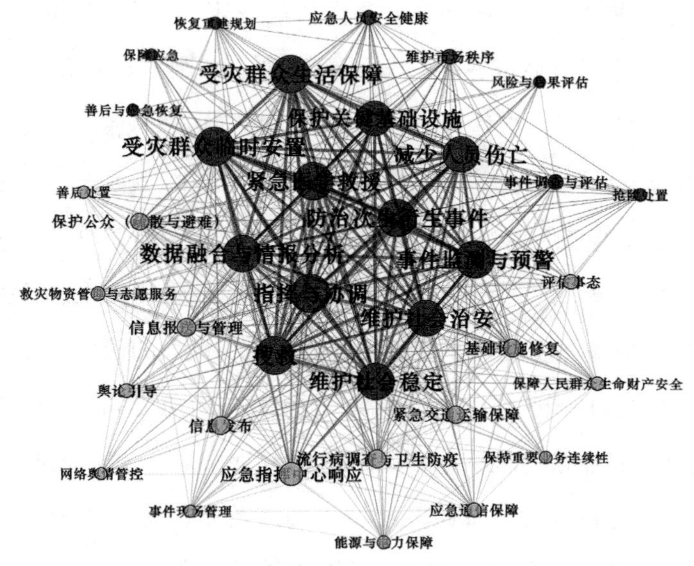

图 4–1　应急任务及目标的共现网络

图4-1呈现的是基于部署出现次数的共现关系网络，节点越大表明节点的加权度越大，该节点与其他节点存在的共现关系越多。边越粗表明两个节点间多次共现的次数越多。从图中可以看出基于节点大小和边粗细的明显分区，中间区域所包含的节点及其之间存在较强的共现关系，即保护关键基础设施、受灾群众生活保障、受灾群众临时安置、指挥与协调、防治次生衍生事件、紧急医学救援、减少人员伤亡、数据融合与情报分析、事件监测与预警、维护社会稳定、维护社会治安、搜救等12项应急任务和目标。这12项任务包含在我们给定的决策部署样例中，这说明大多数演练人员认为应当在此次应对中出现这12项应急任务和目标。

演练人员的决策偏好还可以从决策部署样例中未出现的部署任务中看到，即图4-1核心区域外围包含的节点。这里需要说明的是，节点颜色是基于节点的分区（modularity）进行着色的，颜色一致的节点被分在一个分区内，相对于不在同一个分区的节点，在同一个分区的节点之间具有更强的边权重或数量。与核心区域节点颜色一致的节点（深色节点），如应急人员安全健康、恢复重建规划、保障应急、维护市场秩序、风险与后果评估、抢险处置、事件调查与评估、善后与应急恢复8项应急任务与目标，这8项节点相对于其他外围区域的节点与核心节点连接的紧密度更高，说明这8项节点所代表的应急任务是演练人员能够在决策部署样例的基础上完善的部署，它们相对于颜色较浅的节点所代表的应急任务与核心区域应急任务的关联度更强。颜色较浅的节点所代表的应急任务部署体现了演练人员的另外一种决策部署偏好，颜色较浅节点之间具有较强的共现关系，说明它们经常会被同步考虑到，而相对而言，它们之间的共现强度甚至比它们与核心区域节点间的共现强度还高，可以认为，这部分的部署是演练人员自发产生，而非一定是在决策部署样例基础上完善的部署，更加体现了演练人员在进行决策部署时的偏好性和差异性。这部分部署有救灾物资管理与志愿服务、应急指挥中心响应、保护公众（疏散与避难）、基础设施修复、信息发布、信息报送与管理、舆论引导、网络舆情管控等。其中，我们在设计决策部署样例时专门将基础设施修复、信息新闻发布与舆论引导去掉了，有些演练人员又重新考虑到并做了很好的补充。

综上，在进行决策部署时，主要存在以下三方面决策偏好：一是基本认同给定决策部署样例中的部署内容；二是会在决策部署样例基础上进行进一步的完善补充；三是会考虑到样例中未考虑到的部署内容并进行补充。第二点与第三点讲的都是核心区域外围的节点，从外围节点的大小可以看出，第三点所表示的节点（颜色较浅的节点）更大（如应急指挥中心响应、信息报送与管理、信息发布、流行病调查与卫生防疫等），这说明更多演练人员还是倾向于提升决策部署的全面性。

（二）基于指标PMI值的共现网络分析

基于PMI所呈现出的节点间的共现关系与基于出现次数的共现关系不同，PMI更能表现出两个应急任务之间的关联程度，当然，这个关联程度源于演练人员的主观认为，因此能够表现决策者的决策偏好。在基于PMI的共现关系网络中，如果两个节点之间存在连边，则表明这两个节点之间存在关联关系，如果连边权重大即较粗，那么这两个节点之间的关联程度较强，如节点A被部署时总是伴随着节点B的部署。与之形成对比的是，在基于次数的共现关系网络中，两节点间的连边也表示两个节点共同被部署，连边越粗表示两节点被共同部署的次数越多，这时边的粗细源于两者被共同部署次数的叠加。通常可以认为，如果两个任务各自被部署次数较高，那么两者被共同部署的概率也会变大，两者之间的PMI值也会较大，在基于PMI值的共现网络中边的权重也会较大。但是如果两个任务各自被部署的次数都不算高或其中一个不算高，其之间的关联程度是怎样的？这是我们期望通过PMI值观察出来的。基于PMI计算的共现关系存在一种可能性，即两个任务A和B各自被部署次数可能不算多，但是总是被共同部署，那么两者连边的权重也会比较大，对于被部署次数不多的任务而言，权重大也会使得其节点比较大，两者之间的关联度也更高。

如图4–2所示，与图4–1的结果完全不同，基于PMI的共现网络中高频部署的节点加权度反而偏小，相对来说低频部署的节点加权度反而可能较大。其中，具有较高权重连边的两个节点则具有较高的任务关联性，决策者在部署时倾向于同时考虑这两项任务。在图4–2中，能源与电力保障、事件现场管理、应急通信保障两两之间具有高权重连边，说明这三个任务在部署时具有高关联性，决策者倾向于在部署事件现场管理时同时考虑到通信和能源电力的支持。此外，应急人员安全健康、恢复重建规划、救灾物资管理与志愿服务、保持重要业务连续性、舆论引导、善后处置之间依次具有高权重关系。同时，保持重要业务连续性、评估事态之间，舆论引导和网络舆情管控之间，恢复重建规划与维护市场秩序之间，维护市场秩序和风险与后果评估之间，风险与后果评估及评估事态之间，都具有较高权重的边关系。这些任务的关联性表现出决策者的不同决策偏好，例如重点部署舆论舆情和善后处置、重点部署重建规划和秩序维护、重点部署事态评估以支撑决策、重点部署重要业务连续性和基本保障以及重点部署重建规划和应急人员安全问题等。这些个性化的决策偏好在基于词频的共现网络中无法完全体现，从这些个性化的决策偏好中也可以发现它们与给定的样例、高频的部署任务是分离的。基于词频和基于PMI匹配能够从不同角度观察决策部署的共性和偏好性特征。

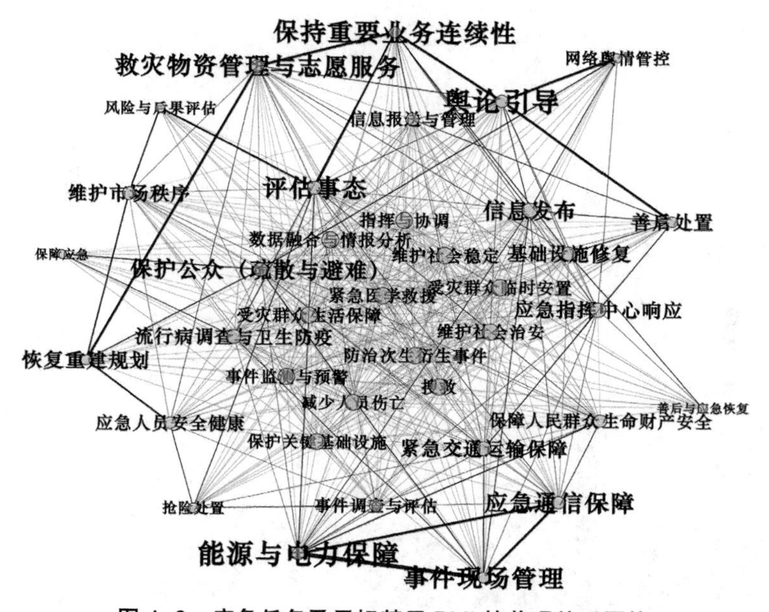

图 4-2　应急任务及目标基于 PMI 的共现关系网络

（三）基于指标出现次数的决策路径图谱分析

图4-3为一个有向网络，呈现的是基于指标出现次数的决策路径，节点越大表明部署该任务次数越多，节点大小为加权度大小，边越粗表明两节点间的有向关系被部署的次数越多，边颜色随时间变化由深到浅。给定的决策部署样例本身具有决策部署的优先级顺序，即搜救—减少人员伤亡—紧急医学救援—受灾群众临时安置—受灾群众生活保障—防治次生衍生事件—事件监测与预警—保护关键基础设施—数据融合与情报分析—维护社会稳定—维护社会治安—指挥协调。为了更清晰地观察演练人员决策部署的优先级顺序，可将网络中边权重以及对应的边时间标签进行整理，提取每个时间标签上权重最大的边，如表4-1所示。可以看出，时间标签从5至13的部署优先级与给定样例的部署优先级基本一致，且边权重较大，仅缺少了最后一项，即维护社会治安、指挥与协调。由此可以认为，演练人员基本认可样例中给定的决策部署优先级。

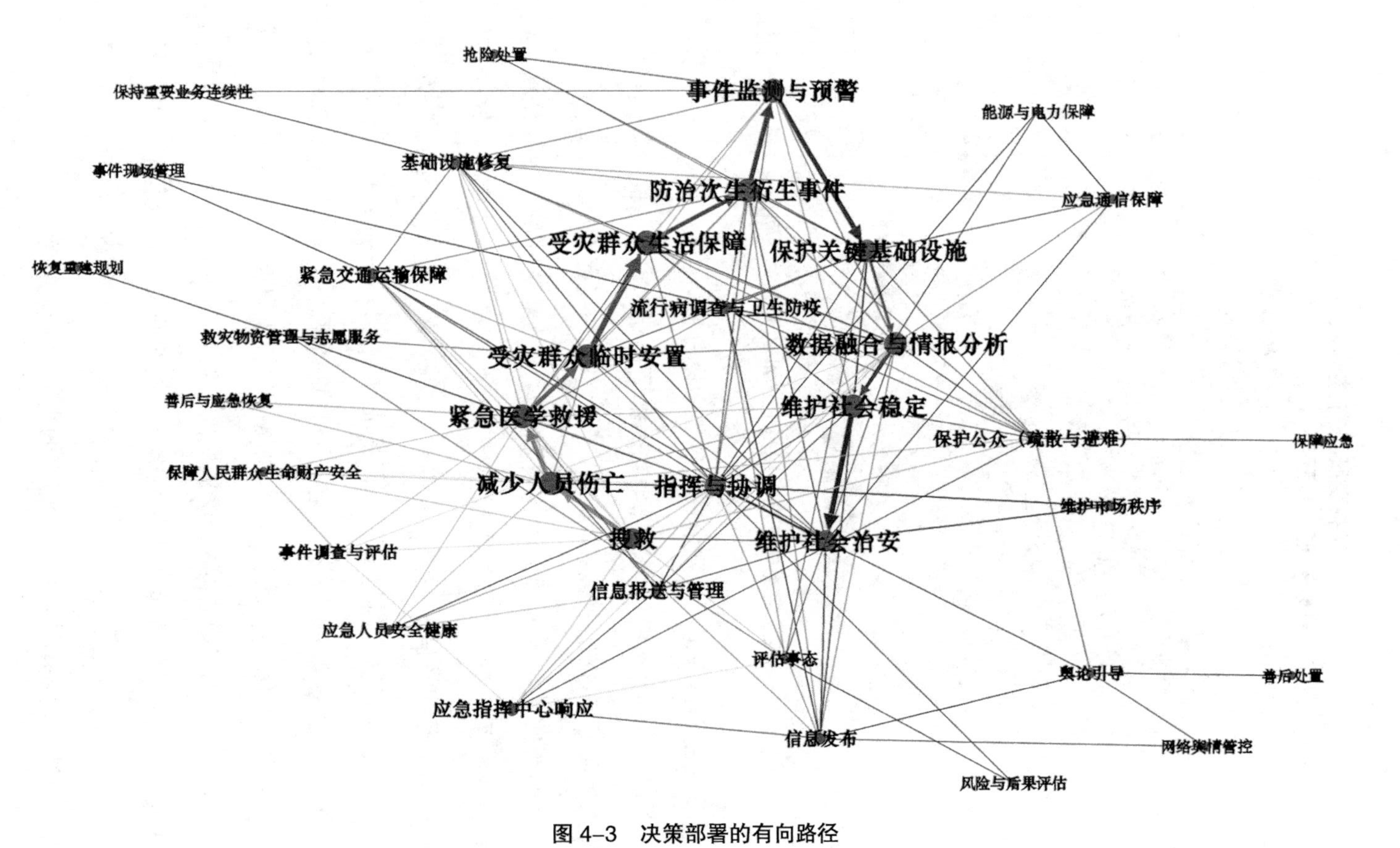

图 4–3 决策部署的有向路径

表 4–1 演练人员决策部署优先级

源节点 source	目标节点 target	边权重 weight	时间标签 time
应急指挥中心响应	搜救	8	1
数据融合与情报分析	信息报送与管理	3	2
信息报送与管理	指挥与协调	2	3
受灾群众生活保障	事件监测与预警	3	4
搜救	减少人员伤亡	27	5
减少人员伤亡	紧急医学救援	25	6
紧急医学救援	受灾群众临时安置	26	7
受灾群众临时安置	受灾群众生活保障	36	8
受灾群众生活保障	防治次生衍生事件	24	9
防治次生衍生事件	事件监测与预警	29	10
事件监测与预警	保护关键基础设施	29	11
保护关键基础设施	维护社会稳定	5	12
维护社会稳定	维护社会治安	32	13
减少人员伤亡	指挥与协调	2	14
指挥与协调	救灾物资管理与志愿服务	2	15
维护市场秩序	指挥与协调	4	16
紧急交通运输保障	事件现场管理	1	17
能源与电力保障	指挥与协调	1	17
维护社会治安	信息发布	1	18
舆论引导	善后处置	1	18
事件现场管理	流行病调查与卫生防疫	1	18
信息发布	舆论引导	1	19
流行病调查与卫生防疫	信息发布	1	19

在时间标签1至5过程中，演练人员倾向于优先部署的内容有应急指挥中心响应、数据融合与情报分析、信息报送与管理、受灾群众生活保障、搜救，应急指挥中心响应是指立刻启动应急处置机制或搭建应急指挥体系，让各部门能够快速进入应急状态；搜救作为第二项部署，充分体现了应急管理中以人为本的核心理念。演练人员偏好优先部署数据融合与情

报分析、信息报送与管理、指挥与协调，这与了解事态、评估事态、指挥协调各力量资源到场有关，出现突发事件后获取事件信息并开展分析和评估、指挥与协调是依据态势开展处置的重要基础。之后，演练人员偏好优先部署受灾群众生活保障、防治次生衍生事件、事件监测与预警，因为将受灾群众安顿好是应急处置中的一大任务，保持对事件的监测和预警能够快速依据态势作出反应。时间标签1至5的优先部署内容充分体现了我国应急管理的思维逻辑和偏好特征，即首先进入应急状态、以人为本开展搜救、快速了解事态、做好信息管理工作、安置群众、持续监测预警。

时间标签14至16涉及的部署内有减少人员伤亡、指挥与协调、救灾物资管理与志愿服务、维护市场秩序。其中，减少人员伤亡强调的是以人为本的应急处置目标；指挥与协调通常包含了加强指挥协调管理、发挥党员带头作用等内容；救灾物资管理与志愿服务一方面强调了对救灾物资的管理，另一方面强调了对社会力量的动员；维护市场秩序主要是指对灾区市场经济的保护和稳定。可见，较后部署的内容与管理层面的内容相关。时间标签17至19的部署较为分散，不存在较大的边权重，但涉及内容上也是与管理层面内容相关较多，如事件现场管理、善后处置、流行病调查与卫生防疫、舆论引导、信息发布等。可见，在部署优先级上，优先部署需要紧急处置的内容，然后再部署管理层面的内容加强应急管理的有序性和科学性。

第五章

基于Jieba分词的决策部署分析方法

基于人工判读的决策部署分析方法总是需要将原始数据转化为结构化数据后再进行处理，且人工判读时可能会因为原始数据中某些表达过于通俗或人工理解不同而影响对应急任务指标的分类和处理。那么，是不是可以用其他方法替代或优化人工判读这个流程呢？本书探索了基于Jieba分词的决策部署分析方法（见图5-1），主要目的是替代人工判读对原始数据处理的过程，使数据处理更为标准化，避免人工判读可能带来的失误。本部分所讲述的方法以Trie树（前缀树或字典树）和隐马尔可夫模型（Hidden

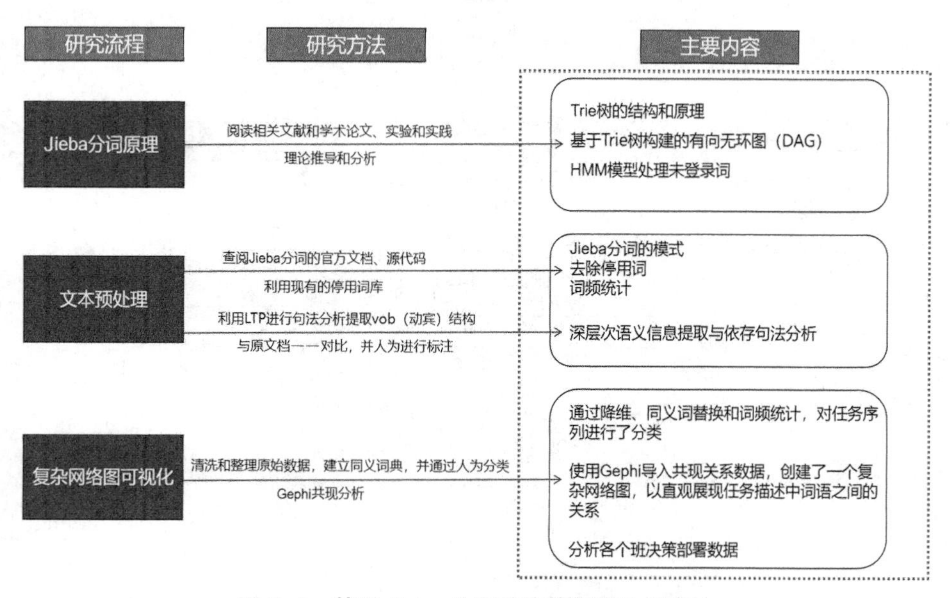

图 5-1　基于 Jieba 分词的决策部署分析方法

Markov Model，HMM）为基础，探讨了其在中文分词中的应用，并结合地震决策部署信息提取任务进行了实践研究。

中文分词作为自然语言处理的基础任务之一，对于后续的语言理解和信息提取至关重要。由于中文语言的特殊性，缺乏明显的单词界限，因此中文分词面临着独特的挑战。中文分词是将连续的文本切分成具有独立语义的词语序列的过程。Trie树和隐马尔可夫模型作为两种重要的自然语言处理技术，在中文分词中发挥着关键作用。

本部分的内容主要如下：首先，将深入探讨Trie树在中文分词中的应用，包括其结构和原理、基于Trie树构建的有向无环图（DAG），以及HMM模型处理未登录词的方法；其次，介绍文本预处理的流程，包括去除噪声、标点符号、停用词等，以准备好的数据进行后续分析；最后，利用复杂网络图可视化工具对预处理后的数据进行展示和分析，进一步探讨复杂网络图的结构特征和语义关联，以期发现潜在的规律和信息。该方法的主要流程如图5-2所示。

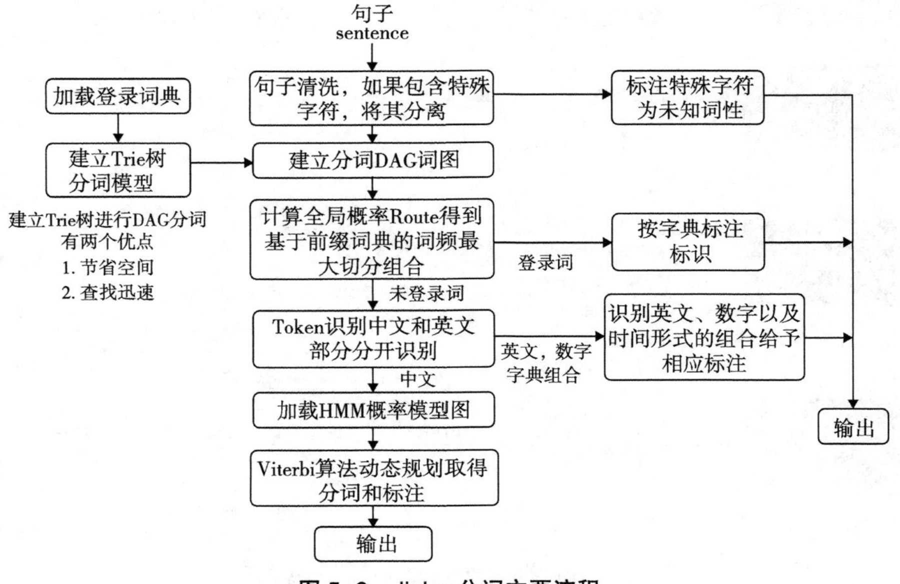

图5-2　Jieba分词主要流程

一、Jieba分词原理

Trie树由于其高效的字符串检索能力，在中文分词领域展现出了显著的应用潜力。本书主要探讨了Trie树在中文分词中的应用，包括Trie树的结构和原理、基于Trie树构建的有向无环图（DAG）以及结合隐马尔可夫模型（HMM）处理未登录词的方法。

（一）Trie树的结构和原理

Trie树（Jieba自带的dict.txt词典基于《人民日报》等训练出来的词典，包括词语以及词频与词性）是一种用于快速检索字符串的树形数据结构，其通过共享公共前缀来减少存储空间，提高检索效率。每个节点代表一个字符，从根节点到某一节点的路径连起来，就构成了库中的一个词。

Trie树的特点有以下三个：一是具有相同前缀的词位于同一个路径上；二是词的其他部分不共享；三是任何一个完整的词，都是从根节点开始至叶子节点结束。

如图5-3所示，“受伤”“受灾”是具有相同前缀的词语，它们位于同一个路径上。Trie树只共享前缀而不共享其他部分，如“抗震”“震情”两

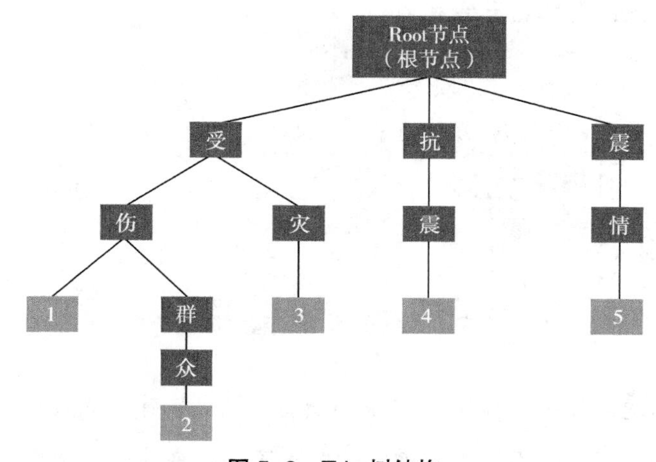

图5-3　Trie树结构

个词而言，“抗震”中的“震”属于该词的后缀，所以不与“震情”共享，也就是说不能从“抗震”这一路径中再产生一个分支为“震情”。从图5-3中也可以看出每一个词语都是从Root节点（根节点）至叶子节点结束的。

（二）基于Trie树构建的有向无环图（DAG）

在中文分词任务中，Trie树用于构建整个词典的存储结构，便于快速检索和匹配。通过Trie树，可以对输入的文本构建一个基于词典的有向无环图（DAG），每个节点代表文本中的一个字符，节点间的边代表词典中的词。这一结构利用Trie树高效处理大量词汇的优势，为后续分词算法提供基础。DAG的构建过程及原理如图5-4所示。以句子“加强人员搜救”为例，构建的DAG可能如下：

节点0（“加”）有“加”一种可能，也可能连接到节点1（“强”）。

节点1（“强”）只能是一个单独的词。

节点2（“人”）有“人”一种可能，也可能连接到节点3（“员”）。

节点3（“员”）只能是一个单独的词。

节点4（“搜”）可能是一个单独的词，也可能连接到节点5（“救”）。

节点5（“救”）只能是一个单独的词。

以此类推，直到句子结束。

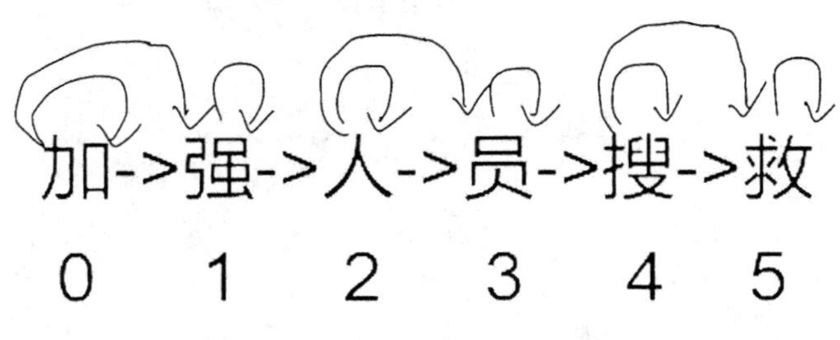

图5-4 DAG构建过程及原理

利用构建的DAG，Jieba分词采用动态规划算法寻找最大概率路径作为最终的分词结果。这里的“概率”通常基于词频来计算，词频越高，被选为最终分词结果的可能性越大。这种方法有效地解决了中文分词的基本问题，即如何在没有明确分词界限的情况下，准确地识别词汇。

再次以句子“加强人员搜救”为例，利用动态规划算法寻找最大概率路径，该算法的代码如表5-1所示。

表 5-1　基于动态规划算法计算最大概率路径

<table>
<tr><td>输入数据</td><td>加强人员搜救</td></tr>
<tr><td>运行算法</td><td>#encoding=utf-8
from_future_import unicode_literals
import sys
sys.path.append（“../’）

import jieba
import jieba.posseg
import jieba.analyse

sentence=“加强人员搜救”
sentence_dag = jieba.get_DAG（sentence）
print（sentence_dag）

route = { }
jieba.calc（sentence，sentence_dag，route）#根据得分进行初步分词
print（route）

seg_list = jieba.cut（sentence）
print（“，” .Join（seg_list））</td></tr>
<tr><td>运算结果</td><td>根据代码得出以下结果：
{0：[0，1]，1：[1，2]，2：[2，3]，3：[3]，4：[4，5]，5：[5] }
{6：（0，0），5：（-9.168340524279309，5），4：（-14.040352116847329，5），3：（-23.257403038215898，3），2：（-22.057963104909952，3），1：（-30.208629648728063，1），0：（-30.656619272363898，1）}
加强，人员，搜救</td></tr>
</table>

根据表中计算结果可以看出：节点0（“加”）至节点1（“强”）为最大概率路径，所以“加强”被分为一个词；节点2（“人”）至节点3（“员”）为最大概率路径，所以“人员”被分为了一个词；节点4（“搜”）至节点5（“救”）为最大概率路径，所以“搜救”被分为了一个词。

（三）HMM处理未登录词

对于词典中不存在的词（未登录词），Jieba分词引入了基于隐马尔可夫模型（HMM）的方法进行处理。HMM通过计算字符之间的转移概率和发射概率，预测最可能的词性，进而切分出未登录词。这种方法能够利用上下文信息，提高分词的准确性。

隐马尔可夫模型是统计模型的一种，它用于描述一个含有隐含未知参数的马尔可夫过程。在隐马尔可夫模型中，系统被假设为一个马尔可夫链，其状态不直接可见（隐藏），但状态间的转换概率是已知的。可以观察到的是与状态相关的一系列观测值，每个状态有一定的概率产生某个观测值。HMM通过观测值序列来推断隐藏状态序列的最可能路径。

HMM的定义通常包括以下5个元素。

①状态集合（S）：这是所有隐藏状态的集合。在隐马尔可夫模型中，这些状态是不可观察的。例如，在语言处理中，这些状态可能代表不同的词性。

②观测集合（O）：这是所有可能的观测结果的集合。在语言处理的上下文中，这些观测可能是单个字符或词。

③状态转移概率（A）：这是从一个状态转移到另一个状态的概率。

④观测概率（B）：也称为发射概率，这是在给定状态下观察到某个观测的概率。

⑤初始状态概率（Π）：这是系统在时间序列开始时处于每个状态的概率。

下面以一个最简单的例子通俗地介绍隐马尔可夫模型。

要用地震来解释HMM和它的主要组成部分，即状态集合、观测集合、状态转移概率、观测概率和初始状态概率，我们可以进行如下设想。

状态集合（S）：在地震的上下文中，隐藏状态可以代表地下板块的不同状态，例如“稳定”、“微小移动”和“显著移动”。这些状态是隐藏的，我们无法直接观察它们，但它们会影响地震发生的可能性。

观测集合（O）：这可以是地面震动的不同级别，如“无震动”“轻微震动”“强烈震动”。这些是我们通过地震仪等设备直接观测到的结果。

状态转移概率（A）：这代表了从一个隐藏状态转移到另一个隐藏状态的概率。例如，从“稳定”到“微小移动”的概率，或者从“微小移动”到“显著移动”的概率。这些概率反映了地下板块状态随时间变化的动态。

观测概率（B）：也称为发射概率，这是在给定隐藏状态下观察到某个观测的概率。例如，在“显著移动”状态下观察到“强烈震动”的概率会比在“稳定”状态下高。

初始状态概率（Π）：这是系统在时间序列开始时处于每个状态的概率。在地震的上下文中，这可以理解为在观测记录开始时地下板块处于“稳定”、“微小移动”或“显著移动”状态的概率。

通过这个地震模型的例子，我们可以使用HMM来预测地震的发生，即通过分析地震仪记录的振动数据来推测地下板块的当前状态和未来状态的转移概率。这样，虽然我们无法直接看到板块的移动状态，但我们可以根据观测到的地面振动数据推测这些状态的变化，从而对地震的可能性进行评估。将上述例子转换到中文分词中，隐藏状态可以看作字在词中的位置（如词首、词中、词尾、单字成词），观测状态则是文本中的实际字符。转移概率描述了一个位置到另一个位置的转变概率，发射概率描述了某个位置上出现某个字的概率。

例如，考虑未登录词“抗震救灾”。在没有明确边界的情况下，通过HMM，我们可以根据已知的转移概率和发射概率，预测出“抗震救灾”最有可能是一个整体词汇（一个实体名），而不是随机组合的字符。

通过这样的模型，即使面对未知的或者词典外的词汇，Jieba分词也能够利用上下文信息，有效地进行分词，提高整体的分词准确性。

二、文本预处理

文本预处理是自然语言处理中的重要步骤，其目的是通过对原始文本进行清洗、标准化和转换，为后续的分析和建模提供可靠的数据基础。在文本预处理阶段，常见的任务包括去除无关信息、分词、去除停用词、词性标注等。通过文本预处理，可以提高文本数据的质量，减少模型训练的时间和资源消耗，提高自然语言处理任务的准确性和效率。

（一）Jieba分词的模式

Python的Jieba分词，分词功能强大且适用面较广，可以进行简单分词、并行分词、命令行分词，算法是基于隐马尔可夫模型，属于统计模型方法。以“一要加强震情监测预报和分析研判”为例，分析Jieba分词的3种分词模式。

精确模式：尝试最精确地切割句子，适合文本分析。其精确模式分词结果为：一/要/加强/震情/监测/预报/和/分析/研判。

完整模式：在句子中扫描所有可能变成词的词语，速度很快，但无法解决歧义。其完整模式分词结果为：一要/加强/强震/震情/监测/预报/和/分析/研判。

搜索引擎模式：在精确模式的基础上，再对长词进行切分，提高召回率，适用于搜索引擎分词。其搜索引擎模式分词结果为：一/要/加强/震情/监测/预报/和/分析/研判。综合考虑分词效率和准确性。

本书将基于Python的Jieba分词中的精确模式实现文本数据的分词。

（二）去除停用词

去除停用词是一种常用的自然语言处理技术，它可以大大提高文本分类、情感分析、机器翻译等任务的效果。常用的停用词包括数字、时间、标点符号、常见单词等。在中文分词之后，就需要去除停用词。本书采用哈尔滨工业大学的中文停用词库。

（三）词频统计

Jieba将中文文本按照词语进行切分。词频统计则是统计文本中每个词出现的次数，以便分析文本的特征和内容。

（四）深层次语义信息提取与依存句法分析

在文本处理的领域，分词技术是实现文本分析的初步并且关键步骤，其中Jieba分词作为一种广泛使用的中文分词工具，能够依据词频将文本分割成独立的词汇序列。然而，在处理特定语料时，尤其是涉及具体行动任务的描述，仅仅依赖Jieba分词得到的结果可能难以准确揭示文本的深层次语义信息，如动作执行者、动作内容以及动作对象等。因此，为了从文本中准确提取出具体的行动任务，需要进一步采用更为高级的自然语言处理技术。

语言技术平台（language technology platform，LTP）提供了一个高效的解决方案。LTP是一个包含丰富自然语言处理功能的集成平台，其中依存句法分析是其核心功能之一，能够识别文本中词语之间的依存关系，从而揭示句子的内部结构，如表5-2所示。

表5-2 依存句法关系示例

关系类型	标签	例子
主谓关系	SBV	我送她一束花（我<-送）
动宾关系	VOB	我送她一束花（送->花）
间宾关系	IOB	我送她一束花（送->她）
前置宾语	FOB	他什么书都读（书<-读）
兼语	DBL	他请我吃饭（请->我）
定中关系	ATT	红苹果（红<-苹果）
状中关系	ADV	非常美丽（非常<-美丽）
动补结构	CMP	做完了作业（做->完）
并列关系	COO	大山和大海（大山->大海）

续表

关系类型	标签	例子
介宾关系	POB	在贸易区内（在->内）
左附加关系	LAD	大山和大海（和<-大海）
右附加关系	RAD	孩子们（孩子->们）
独立结构	IS	两个单据在结构上彼此独立
核心关系	HED	整个句子的核心

在LTP的依存句法关系分析模块中，动宾关系（Verb-Object，VOB）尤为重要，它标识了动词和宾语之间的关系，是理解行动任务中动作和对象关系的关键。通过LTP依存句法关系分析模块的使用，可以识别VOB动宾关系，有效地从复杂文本中提取出具体的行动任务。具体操作流程可以通过以下几个步骤描述。

①文本预处理：使用Jieba分词对原始文本进行初步的分词处理，得到基本的词汇序列。

②依存句法分析：将Jieba分词的结果输入到LTP平台，利用其依存句法关系分析模块，特别是通过识别VOB动宾关系，来分析文本中的行动任务。

③数据比对与处理：将依存句法分析得到的行动任务与初始数据进行比对和核对，通过一系列数据处理技巧，提炼出精确的行动任务序列。

④结果整理：本书基于地震演练中获取的336个决策部署数据，进行上述流程的处理，能够得到一组精确的行动任务序列。在此实例中，共计得到了1392个行动任务序列，如表5-3所示。

表5-3　行动任务序列（部分）

行动任务序列	行动任务序列
熟悉各点位城建图	加强抗震救灾组织领导
制定科学救援措施	信息发布

续表

行动任务序列	行动任务序列
避免救援工作二次事故	做好舆情监测
人员搜救	虚假信息误导
第一位的工作	引导国内外舆论
救治伤员	减少人员伤亡
伤员要尽快转运	不放过每一个搜救的机会
做好受灾群众安置工作	组建前方指挥部
确保受灾群众的衣被、帐篷、食品等需要	组织现有力量和增援力量
重点对象是游客	利用医疗资源
联系交通部门、民政部门	安置点内卫生防疫、心理援助等工作
防范次生灾害的发生	开展研判
做好水位漫库应对准备	坚持生命至上
加固设施	不出现重大传染疾病
病险水库要加强监测，并采取措施确保安全	卫生防疫工作
震情监测预报和分析研判	充分发挥解放军、武警部队、消防救援队伍和民兵队伍的突击队作用
防止余震带来更多事故发生	兵地联动
做好社会稳定各项工作	协同救灾
维护灾区社会秩序	召开新闻发布会
发挥基层党员干部的先锋模范带头作用	通报相关情况
充分发挥解放军、武警部队和消防救援队伍的突击队作用	引导社会舆论
救援自身保护工作	调动武警、民兵各方力量参与搜救
确保自身安全	搭建临时医院
协调各主管部门力量	协调全疆、周边省份医务人员支援
成立救援组	设置临时避难所
防止救援工作混乱	保障通信
做好新闻宣传	印发《救灾手册》
公布真实数据	指导科学高效救援
保持社会稳定	公布消息
安抚受害群众及家属	投入警力

续表

行动任务序列	行动任务序列
不准乱说	启动一级响应应急预案
做好灾区公共卫生工作	上报实情
保障灾区群众饮食、用药安全	组织各方救援组
防范和控制各种传染病的暴发流行	联系受灾现场
做好余震防范	联系就近县市力量
……	……

结合多种自然语言处理技术的重要性，通过LTP的应用，能够更准确地抽取和理解文本中的语义信息，为进一步的数据分析和应用提供基础。

三、共现网络可视化及分析

（一）同义词分类

对于这1392个行动任务序列，我们进行了降维处理，将其与图3-1中的标准化应急任务列表对应，依据10项目标和40项任务大类进行了归类和划分。在使用时，我们会运用该标准化应急任务列表对这1392个行动任务序列进行替换分析，以确保在统计频率时能够将相似的词语归类到同一个类别中，从而更准确地反映每个任务类别的特征，如表5-4所示。这个过程有点类似于人工判读，区别在于，该方法是在分词基础上尽心指标分类，因此不会遗漏任何一个成形的语句和词汇，但人工判读就有可能遗漏。此外，对1392个行动任务序列进行降维处理和指标归类，实际上也是在逐渐地创建起决策部署描述语句的同义词词库，基础数据越多，这个词库的含量就越大，覆盖的描述性语句也就越多，形成这种基础性词库后，未来再进行决策部署分析时就不需要再进行详细归类，而是可以直接使用词库进行归类，这种方法也就逐渐趋向于成熟。

表 5-4　部分同义词库分类示例

行动任务序列	同义词分类	同义词分类
熟悉各点位城建图	数据融合与情报分析	
制定科学救援措施	指挥与协调	
避免救援工作二次事故	防治次生事件	应急人员安全健康
人员搜救	搜救	
第一位的工作	指挥与协调	
救治伤员	紧急医学救援	
伤员要尽快转运	紧急医学救援	
做好受灾群众安置工作	受灾群众临时安置	
确保受灾群众的衣被、帐篷、食品等需要	受众群众生活保障	
重点对象是游客	保护公众	
联系交通部门、民政部门	信息报送与管理	
防范次生灾害的发生	防治次生事件	
做好水位漫库应对准备	防治次生事件	
加固设施	保护关键基础设施	
病险水库要加强监测，并采取措施确保安全	保护关键基础设施	事件监测与预警
震情监测预报和分析研判	事件监测与预警	风险与后果评估

通过对各个任务类别中词语的频率进行统计，我们得到了词语之间的共现关系，揭示了它们在任务描述中的联系和重要性，最终得到了表5-5中词频统计的结果。可见，考虑指挥与协调部署的最多，指挥与协调是开展应急指挥决策、协调各方力量、开展全局部署的先决条件，指挥与协调机制的建立和完整性也是突发事件有序应对的必备要素。部署最多的内容为应急指挥中心响应，即启动应急响应机制和响应级别、搭建指挥体系等，应急指挥中心如同一个Hub节点在对突发事件的全局把控中起关键作用。考虑最多的部署是信息发布，信息发布是面向场外公众、线上媒体和网友发布突发事件相关信息，一方面给予公众知晓突发事件信息的正式渠

道，另一方面给予公众足够的知情权，是保障社会秩序和维护社会稳定的重要措施。

表 5-5　同义词划分后的统计结果

同义词分类	词频	同义词分类	词频
理念：保障人民群众生命财产安全	10	爆炸物处置	0
目标：评估事态	40	核生化处置	1
目标：加强现场组织与管理	5	受灾群众生活保障	5
目标：减少人员伤亡	3	受灾群众临时安置	24
目标：控制危险与有害因素	0	流行病调查与卫生防疫	52
目标：救助受灾群众	1	救灾物资管理与志愿服务	54
目标：防御次生事件	0	遗体管理与殡葬服务	7
目标：维护社会秩序	10	保护关键基础设施	12
目标：有效沟通公众与媒体	1	防治次生衍生事件	0
目标：善后与应急恢复	2	保持重要业务连续性	1
目标：保障应急	13	维护社会治安	10
事件监测与预警	47	维护市场秩序	0
事件调查与评估	21	维护社会稳定	14
风险与后果评估	23	信息发布	99
信息报送与管理	83	网络舆情管控	47
数据融合与情报分析	26	舆论引导	48
指挥与协调	232	善后处置	29
应急指挥中心响应	119	基础设施修复	91
事件现场管理	14	现场清理	2
应急人员安全健康	9	恢复重建规划	7
搜救	35	紧急交通运输保障	76
保护公众（疏散与避难）	0	应急通信保障	36
紧急医学救援	89	能源与电力保障	17
抢险处置	17	科技保障	0
消防	0	综合资源保障	8
危险化学品处置	3		

（二）基于词频统计的共现网络分析

为了更直观地展现这种关系，我们将共现关系导入了Gephi中，结合网络的布局特征和网络结构特征进行分析。在此次分析中，为观察个人所形成部署的特征和差异，所设计的共现窗口为一个人所形成的部署数据，即一个人所形成的部署中所表征出的同义词之间会具有两两共现关系。所分析的数据包含336份部署，共计10次地震演练。为呈现每次演练数据的差异性，本部分不光对所有演练数据整体进行了分析，还重点对每次演练的数据进行了单独分析。如图5–5至图5–15为基于10次演练决策部署数据的词频统计共现网络，网络中节点越大表明节点加权度越大，节点间连边越粗表明边权重越大，边权重越大表明这两个节点共现次数越多，在网络布局上，作者选择了“核心–边缘”的布局形式，其中连边权重较高的节点更可能在核心区域布局，相对应地，连边权重较弱的节点更可能在边缘区域布局，由于边权重大小直接影响了节点的加权度大小，所以可以看出布局在核心区域的节点不仅边权重较大，加权度也较大（节点大）。

1.10次地震演练决策部署情况整体分析

图5–5呈现的是10次地震演练决策部署词频统计的共现网络，从网络整体布局和可视的结构特征来看，加权度较大且节点大小最突出的节点有“指挥与协调”“紧急医学救援”“事件监测与预警”。这说明大多数参与演练的决策者都赞同在突发事件应对中应重点部署这三个方面的内容。指挥与协调重在强调对力量、资源、灾情信息的统筹、管理和协调，以及对灾情全局应对的有序把控；紧急医学救援重在强调受灾群众的医疗救治，是救助受灾群众、保障人民生命安全的重要任务；事件监测与预警重在强调对灾情态势及风险的把握。也就是说，这三个部署最多的任务一方面强调了降低灾害已经造成的影响，另一方面强调了规避可能还会造成影响的风险。

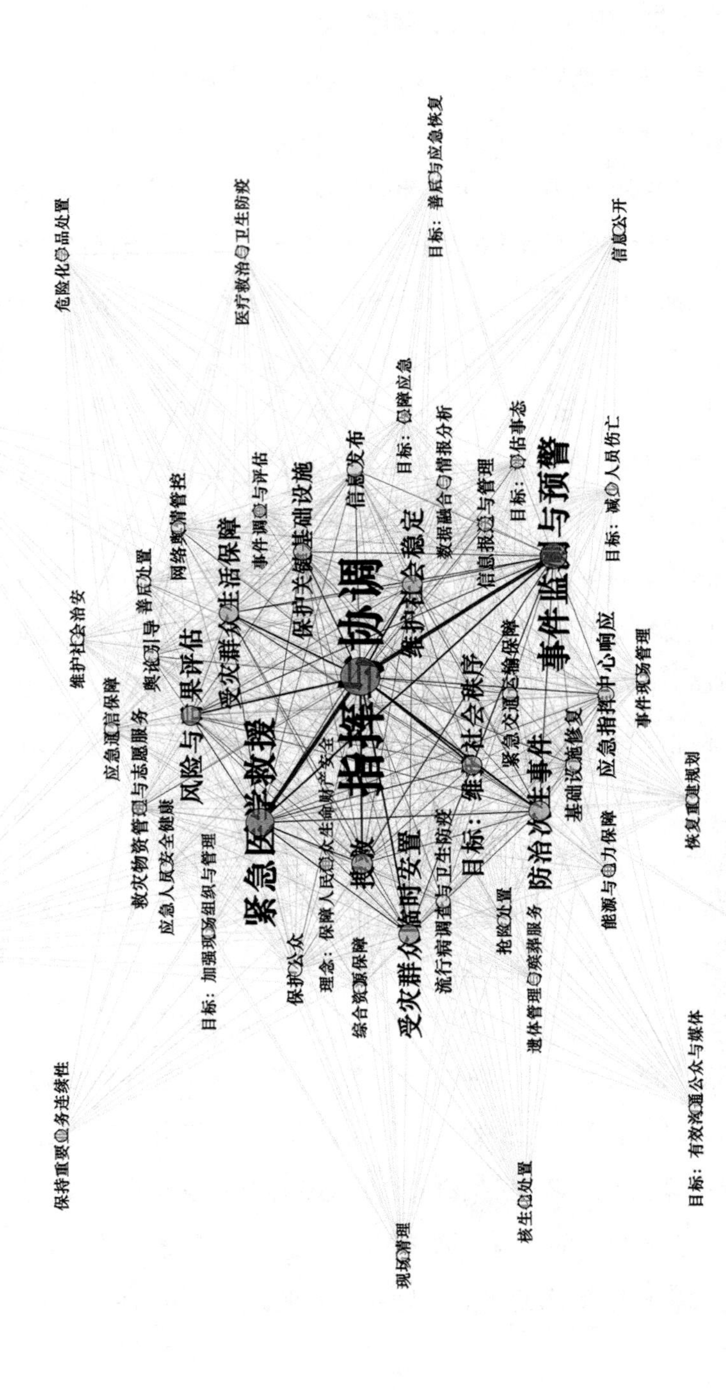

图 5-5　10 次地震演练决策部署词频统计共现网络

此外，指挥与协调和事件监测与预警、紧急医学救援之间的连边最粗，这说明，前者之间具有更强的共现，相对而言，事件监测与预警和紧急医学救援，虽然节点也偏大，即被部署的频次较高，但它们之间的连线较细，共现次数相对较少。再者，虽然防治次生事件的加权度不算太大，但指挥与协调与防治次生事件之间也有较高权重的连边关系，这从侧面反映出防治次生事件与指挥与协调的高共现特征，即防治次生事件被部署的情况下，指挥与协调也可能被部署，反之则不然。

考虑到演练中我们会给决策者提供决策部署的样例，根据前文分析，给定样例中主要包含12项应急任务和目标，即如果决策者认同样例中所给定的内容，那么这12项应急任务和目标被部署的频次和相互之间的共现频次应该是最高的。如表5–6所示，罗列了这10次演练决策部署词频统计共现网络中加权度排序前12名的节点。对比给定样例中所包含的应急任务，10次演练中部署最多的内容基本与给定样例中的内容相似，但略有差别，例如样例中特别强调了对减少人员伤亡目标的体现，但演练数据中这条内容并不突出，10次演练数据中该目标的排序列在了第39名。

表5–6　10次地震演练决策部署词频统计共现网络中节点加权度情况

序号	节点标签	度中心性	加权度
1	指挥与协调	49	22935
2	紧急医学救援	47	13134
3	事件监测与预警	47	12378
4	搜救	47	7104
5	防治次生事件	47	7081
6	受灾群众临时安置	46	6778
7	风险与后果评估	47	6475
8	维护社会稳定	47	6317
9	目标：维护社会秩序	47	6190
10	受灾群众生活保障	47	5667
11	保护关键基础设施	45	4432
12	应急指挥中心响应	44	3337

此外，数据融合与情报分析也在样例中有所体现，但在演练数据中风险与后果评估相对更为突出，两者都是为了评估事态开展的应急任务，区别在于前者还强调了各类数据的融合和分析，可认为包括风险数据，后者则仅聚焦于风险评估。之所以在此次分析中风险与后果评估更突出，作者认为并不是演练中决策者的偏好使然，更可能是分析方法的差异性所导致的。运用人工判读方法进行任务归类时可能会结合上下文进行判读，通常会将“加强震情监测预报和分析研判”这句话归类为“事件监测与预警、数据融合与情报分析”，因为震情与分析研判互为上下文；但切词归类时，这句话会被分为“震情监测预报”和“分析研判”，那么分析研判就可能被列为“风险与后果评估”。

另外，演练数据中还特别突出了应急指挥中心响应，这是给定样例中所不包含的内容，大多数决策者会在部署时强调启动响应机制、启动响应级别、某某领导立刻赶赴现场、搭建现场指挥部等内容，这实际上就是在启动应急指挥中心，可见，决策者在突发情况下的决策部署是比较依赖应急准备和应急预案中对指挥决策的相关规定的。应急指挥中心响应犹如一种状态转换条件，可以让各参与部门快速从常态化管理转为非常态化来应对，进入应时状态。

从部署最少的内容来看，最少的后三名为“保持重要业务连续性”“目标：救助受灾群众”“目标：有效沟通公众与媒体”。保持重要业务连续性旨在确保重要的服务保障和业务能力快速恢复并发挥作用，避免造成更大范围的影响，但大多数决策者在进行部署时很少能够估计到这一点，这是需要加强的。另外，救助受灾群众和有效沟通公众与媒体这两个目标虽然强调得少，但与其相关的应急任务通常会被部署，如搜救、人员安置、生活保障、信息公开、舆论引导等。这也从侧面反映出，相对于强调处置目标，这10次演练中决策者更强调对处置任务的部署。

2. 地震演练A决策部署情况分析

从图5-6中可直观看出，此次演练决策部署中节点大小排名前三的节点有指挥与协调、事件监测与预警、紧急医学救援。为了更方便观察节点加权度情况，作者导出加权度由大到小排序前12位的数据，如表5-7所示，对比样例中所包含的应急任务，可以发现，“目标：减少人员伤亡”“保护关键基础设施”“数据融合与情报分析”并不在前12位之内，反而“基础设施修复”“应急指挥中心响应”“风险与后果评估”被纳入12位之内，这意味着相对于演练中给定的决策部署样例，该演练中的决策更偏好于部署基础设施修复、应急指挥中心响应这两方面的任务（风险与后果评估以及数据融合与情况分析的讨论前文已详细描述，这里不再赘述）。其中，基础设施修复是给定样例中特意去掉的内容，显然，此次演练的决策者重新并重点考虑到了这个问题。从边权重来看，图5-6呈现的较高权重的边关系有：指挥与协调—紧急医学救援、指挥与协调—事件监测与预警，同时，指挥与协调与其邻居节点之间的连边权重也较大（边较粗），这意味着这些任务总是被同时部署。边权重较高的边越多，说明此次演练中考虑到更多部署内容的决策者也就越多，此次演练中决策部署的全面性也就越高。

观察边缘区域布局的节点，可以看出部分任务是此次演练决策者考虑较少的，如保护公众（疏散与避难）、舆情引导、事件现场管理、网络舆情管控、善后处置、事故调查与评估等，这些内容的部署需要进一步提高关注度。其中，给定的样例中也特别去掉了信息发布与舆论引导，显然该演练中只有少数决策者关注到了这个问题，对外的信息发布和舆论引导对于及时回应社会关切、维护社会稳定也至关重要，对于决策者而言不仅要重点关注场内的处置，还需同时关注场外的对应。

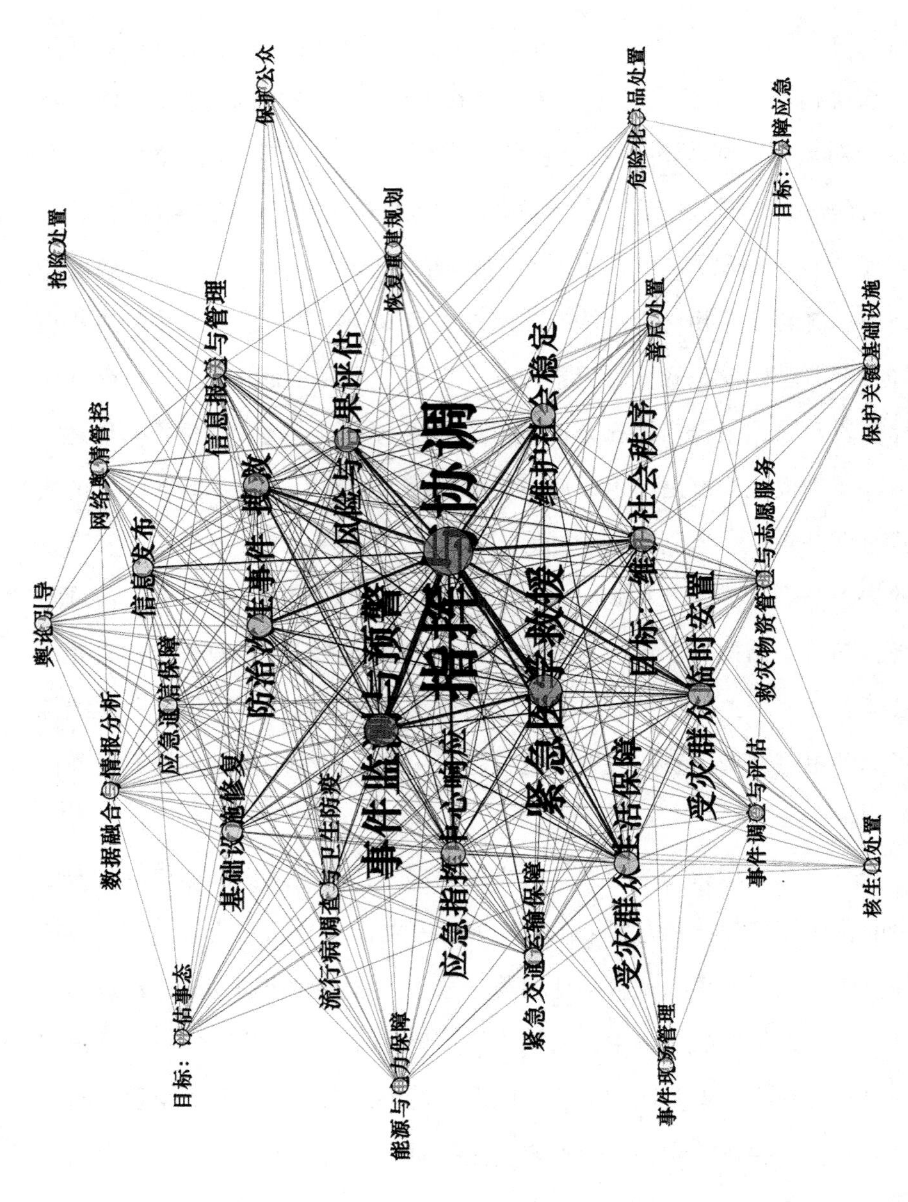

图 5-6　地震演练 A 决策部署词频统计共现网络

表5-7　地震演练A决策部署词频统计共现网络中节点加权度情况

序号	节点标签	度中心性	加权度
1	指挥与协调	32	2083
2	紧急医学救援	32	1150
3	事件监测与预警	32	1142
4	搜救	32	640
5	受灾群众临时安置	32	603
6	风险与后果评估	32	601
7	目标：维护社会秩序	32	582
8	防治次生事件	32	580
9	应急指挥中心响应	27	569
10	受灾群众生活保障	31	564
11	维护社会稳定	32	563
12	基础设施修复	25	332

3.地震演练BCD决策部署情况分析

图5-7呈现了地震演练B的词频共现情况，表5-8罗列了地震演练B决策部署词频统计共现网络中加权度由大到小排序前12位的节点，对比地震演练A，两者具有较高的相似性，但亦有所区别。其中，相对于给定样例，地震演练B中的决策部署重点考虑了信息发布，“目标：减少人员伤亡”的部署排序到了第28位，而“信息发布”是给定样例中的缺失项，此次演练的决策部署作了重点补充。此外，不同于地震演练A更关注基础设施修复，地震演练B更关注关键基础设施的保护，基础设施修复加权度排序至第15位，该项也是给定样例中的缺失项，虽然不如地震演练A中考虑人数多，但一些决策者也同样注意到了这个缺失项。

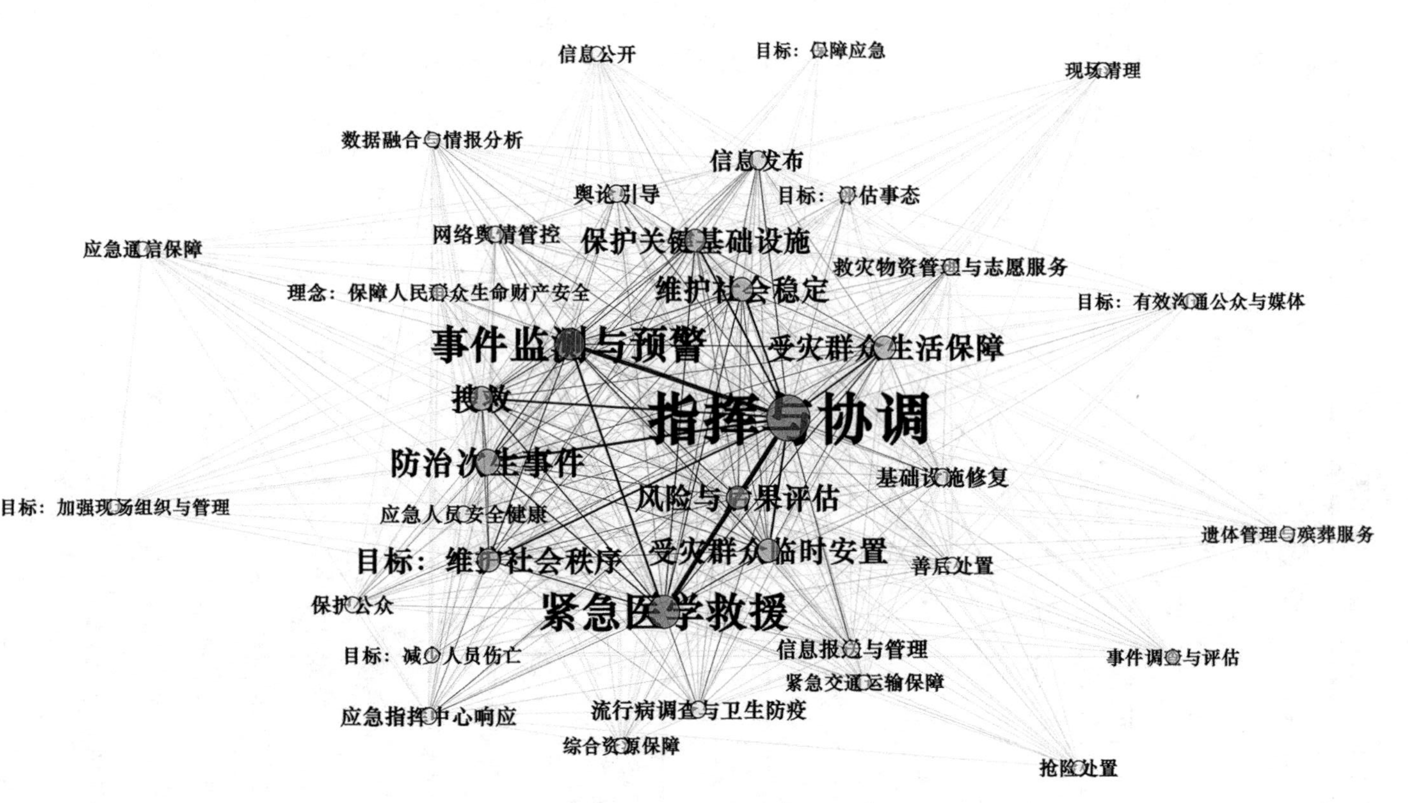

图 5-7　地震演练 B 决策部署词频统计共现网络

表 5-8　地震演练 B 决策部署词频统计共现网络中节点加权度情况

序号	节点标签	度中心性	加权度
1	指挥与协调	37	3409
2	紧急医学救援	36	2019
3	事件监测与预警	36	1840
4	防治次生事件	36	1197
5	搜救	36	1035
6	受灾群众临时安置	35	1006
7	目标：维护社会秩序	35	969
8	风险与后果评估	35	956
9	维护社会稳定	36	953
10	受灾群众生活保障	35	947
11	保护关键基础设施	35	909
12	信息发布	32	453

另外，度中心性代表了连边的数量，加权度同时代表了连边数量与边权重，从度中心性和加权度大小来看，显然地震演练B的节点加权度要高于地震演练A，两者的平均度分别为26和23，两者的平均加权度分别为510和346，这意味着地震演练B中的决策部署相对于地震演练A而言更为全面。也正因如此，地震演练B中有地震演练A中不曾出现过的部署任务，如"目标：加强现场组织与管理""理念：保障人民群众生命财产安全""遗体管理与殡葬服务""现场清理""应急人员安全健康""目标：有效沟通公众与媒体"等，这些部署对于提升突发事件应对的有序性、降低社会影响也十分重要。

如图5-8、图5-9、表5-9和表5-10所示，CD两次地震演练所呈现出的特征与地震演练B相似，本书不再赘述，仅呈现两次地震演练的共现网络及节点的加权度。当然，虽然三次演练呈现出的特征相似，但仔细观察也能发现不同之处，如地震演练B有决策者部署现场清理，地震

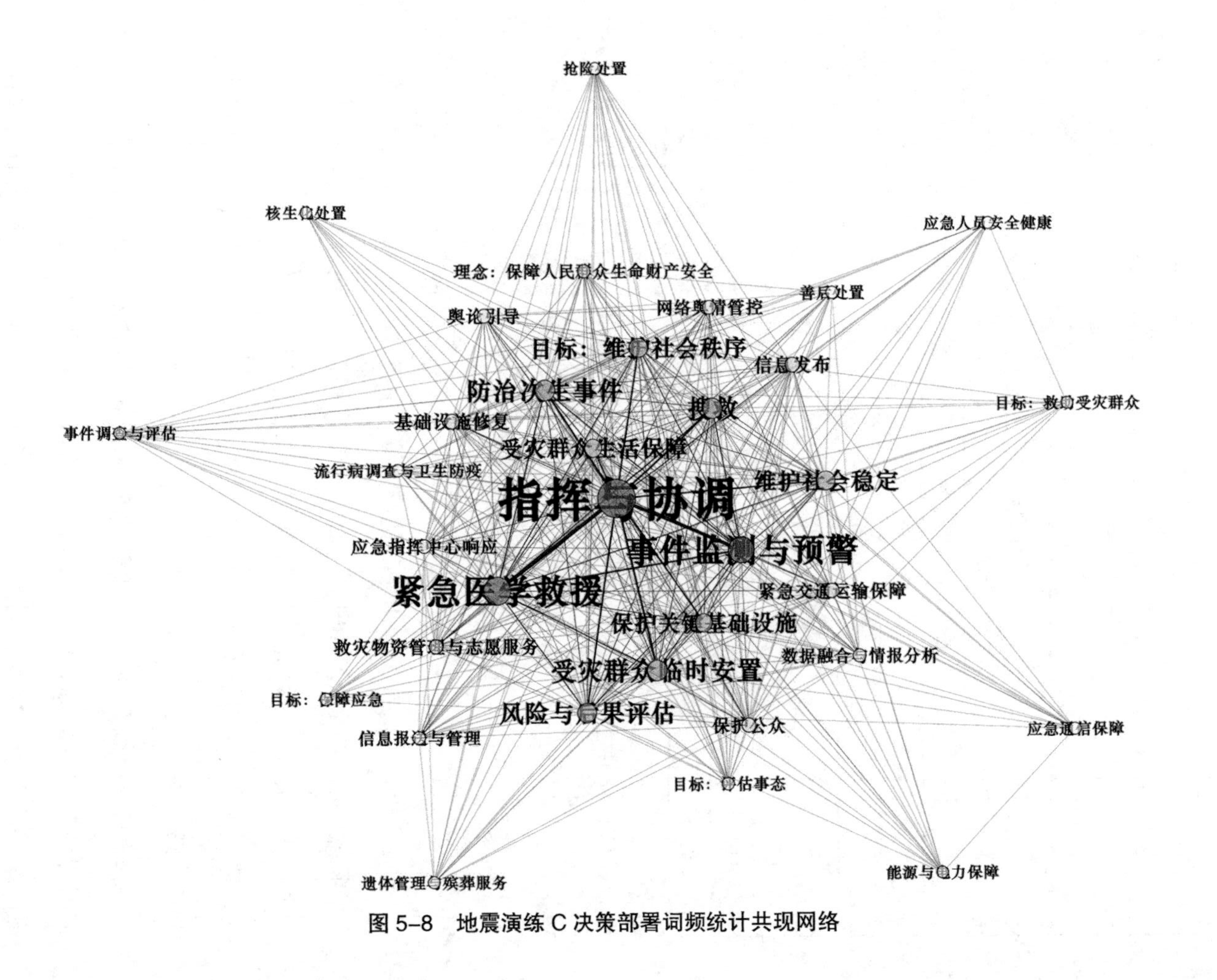

图 5–8　地震演练 C 决策部署词频统计共现网络

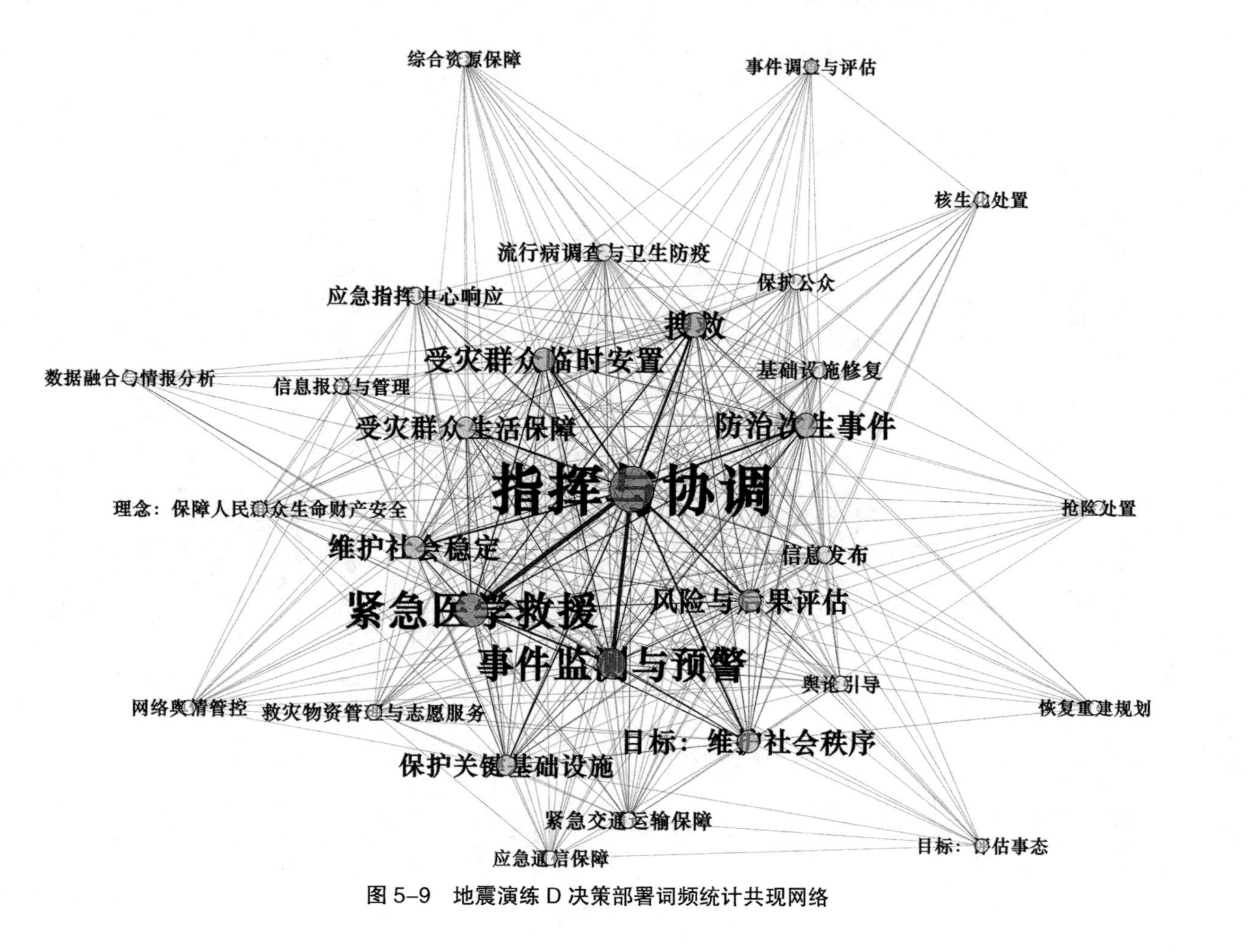

图 5–9　地震演练 D 决策部署词频统计共现网络

演练C有决策者部署能源与电力保障，地震演练C和D还有决策者部署核生化处置等，每次演练决策者所部署的内容存在低概率部署的差异性，即越是部署次数较少的内容，越容易出现差异性，这说明大多数决策者能够在大概率的部署内容上达成共识，但在小概率的部署内容上表现偏好。

表 5–9　地震演练 C 决策部署词频统计共现网络中节点加权度情况

序号	节点标签	度中心性	加权度
1	指挥与协调	33	2277
2	紧急医学救援	33	1397
3	事件监测与预警	33	1231
4	受灾群众临时安置	31	760
5	防治次生事件	32	751
6	搜救	33	725
7	风险与后果评估	33	661
8	维护社会稳定	33	605
9	目标：维护社会秩序	33	605
10	保护关键基础设施	31	543
11	受灾群众生活保障	29	536
12	信息发布	27	250

表 5–10　地震演练 D 决策部署词频统计共现网络中节点加权度情况

序号	节点标签	度中心性	加权度
1	指挥与协调	29	2090
2	紧急医学救援	28	1287
3	事件监测与预警	29	1111
4	搜救	29	724
5	防治次生事件	29	675
6	受灾群众临时安置	29	635
7	目标：维护社会秩序	29	568
8	风险与后果评估	29	564

续表

序号	节点标签	度中心性	加权度
9	维护社会稳定	29	563
10	受灾群众生活保障	26	496
11	保护关键基础设施	26	455
12	信息发布	24	213

4. 地震演练EFG决策部署情况分析

结合表5-11和图5-10，对比10次演练决策部署数据和AB两次演练数据来看，此次演练数据呈现出的结果与10次演练决策部署数据最为相似，但从边权重来看，指挥与协调和事件监测与预警间的边权重最大，两者间的共现特征最明显，此外，相对而言，指挥与协调还与应急指挥中心响应之间具有较明显的边权重，这说明，此次演练的部署中同时考虑到了指挥决策的体制机制和实际的运作方式。

表5-11　地震演练E决策部署词频统计共现网络中节点加权度情况

序号	节点标签	度中心性	加权度
1	指挥与协调	33	2375
2	事件监测与预警	33	1355
3	紧急医学救援	33	1320
4	搜救	33	837
5	受灾群众临时安置	33	780
6	防治次生事件	33	729
7	维护社会稳定	32	715
8	风险与后果评估	31	654
9	目标：维护社会秩序	32	632
10	保护关键基础设施	31	520
11	受灾群众生活保障	31	476
12	应急指挥中心响应	25	418

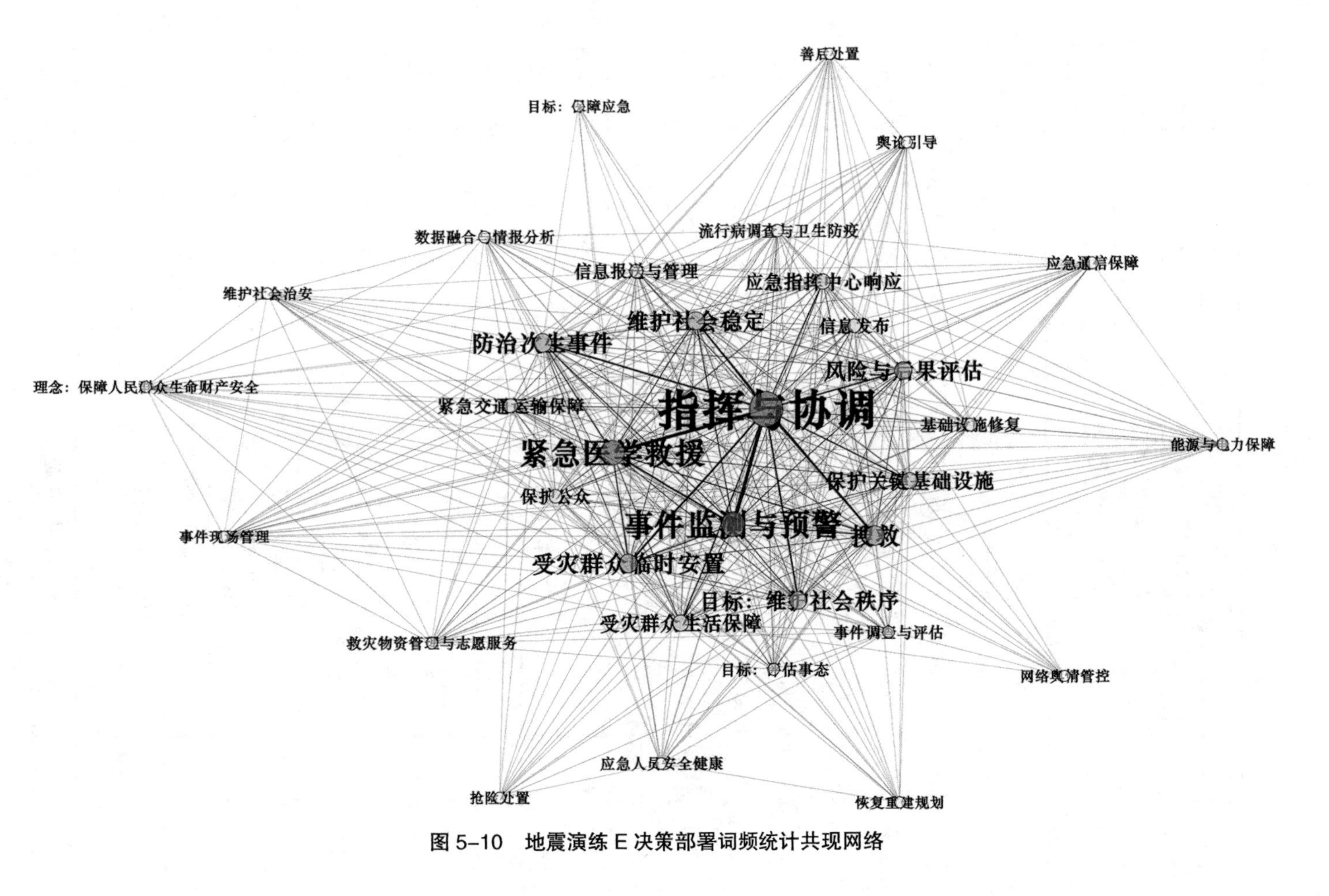

图 5–10　地震演练 E 决策部署词频统计共现网络

如表5–12、表5–13、图5–11和图5–12所示，地震演练FG呈现出与地震演练E同样的共现特征，区别在于，地震演练F的平均加权度和平均度最大，即地震演练F的决策者大多部署的内容较为全面，该共现网络的节点更大，且较高权重的边更多，尤其是地震演练G的度中心性比地震演练F的大，但加权度小，即边权重小，这说明地震演练F的决策者部署内容的共现特征更突出。但是，地震演练G中有决策者部署了保持重要业务连续性的相关内容，这是目前的部署中尚未看到的。

表5–12　地震演练F决策部署词频统计共现网络中节点加权度情况

序号	节点标签	度中心性	加权度
1	指挥与协调	37	4764
2	紧急医学救援	37	2434
3	事件监测与预警	36	2419
4	防治次生事件	36	1377
5	风险与后果评估	36	1302
6	搜救	37	1253
7	维护社会稳定	37	1214
8	受灾群众临时安置	36	1204
9	受灾群众生活保障	36	1158
10	目标：维护社会秩序	36	1145
11	保护关键基础设施	36	1054
12	应急指挥中心响应	31	773

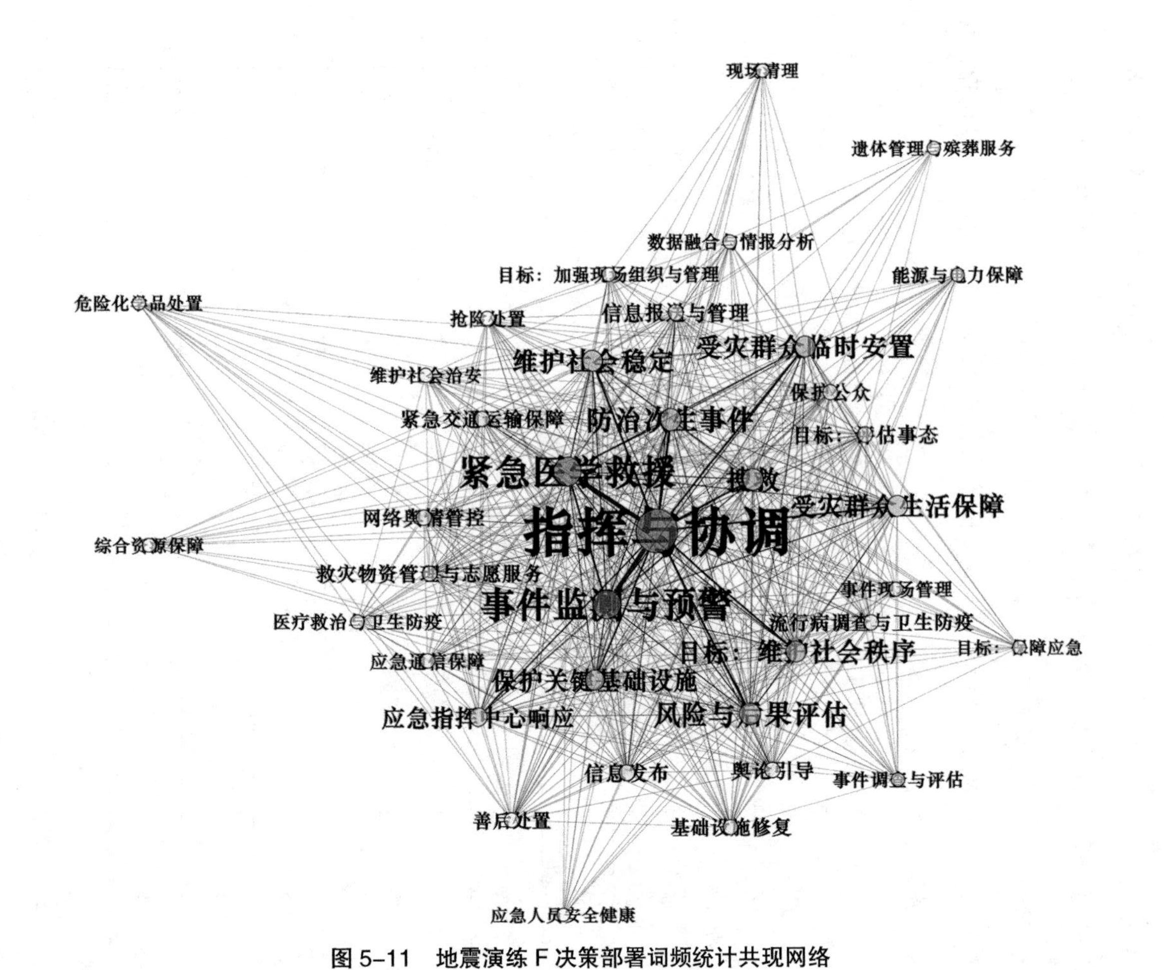

图 5-11　地震演练 F 决策部署词频统计共现网络

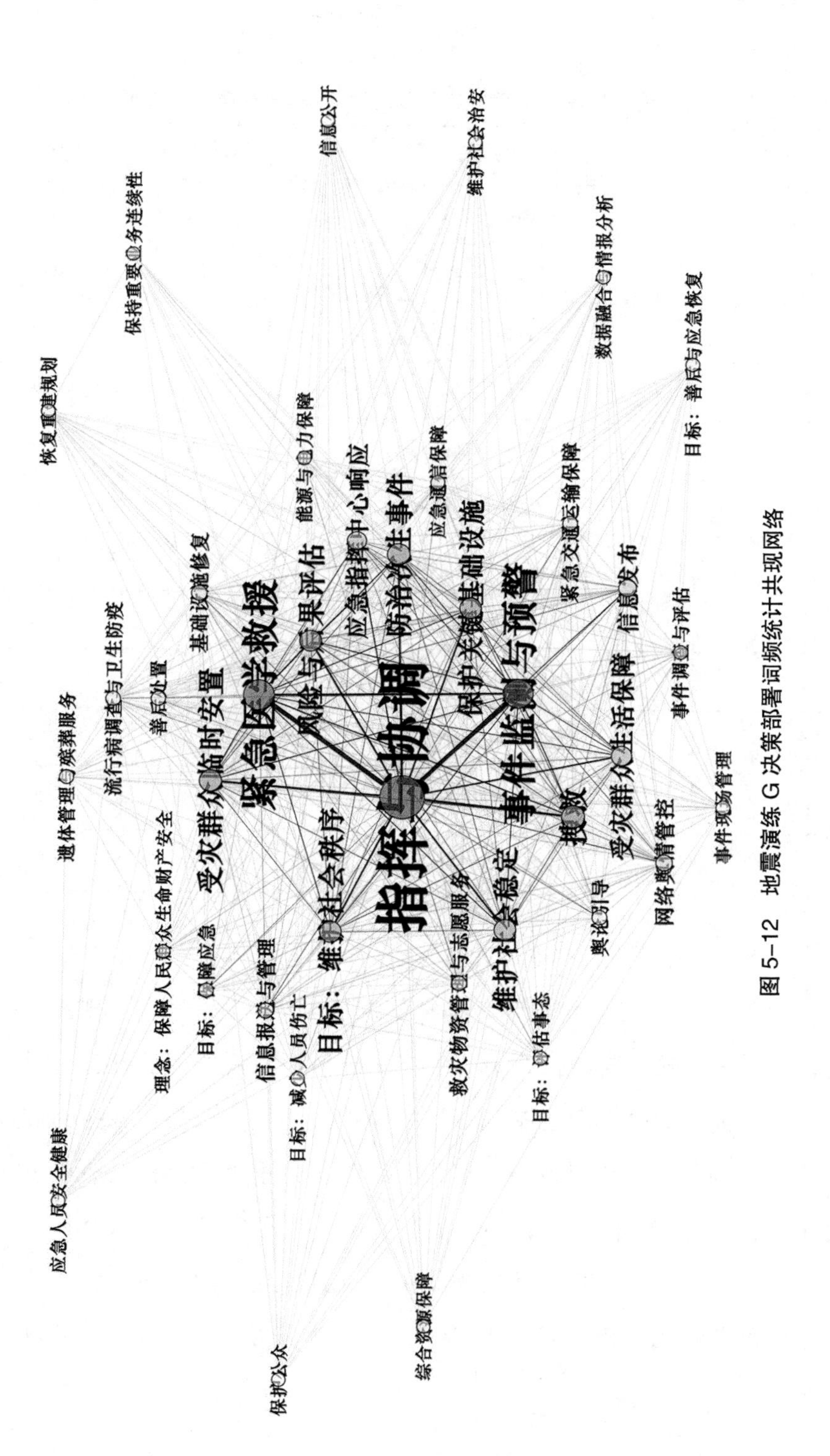

图 5-12　地震演练 G 决策部署词频统计共现网络

表 5-13　地震演练 G 决策部署词频统计共现网络中节点加权度情况

序号	节点标签	度中心性	加权度
1	指挥与协调	38	3470
2	紧急医学救援	38	1981
3	事件监测与预警	38	1875
4	搜救	38	1129
5	受灾群众临时安置	38	987
6	防治次生事件	38	979
7	风险与后果评估	38	977
8	维护社会稳定	38	943
9	目标：维护社会秩序	38	935
10	保护关键基础设施	37	918
11	受灾群众生活保障	35	762
12	应急指挥中心响应	35	650

5. 地震演练H决策部署情况分析

如图5-13和表5-14所示，地震演练H与其他演练数据呈现的特征不同，除了重点强调应急指挥中心响应之外，还特别强调了紧急交通运输保障，反而忽略了对重要基础设施的保护。并且，该共现网络的节点度中心性和加权度都明显偏低，但从网络的边权重来看，相对边权重在部署相对较多的节点间依然较为明显，且该共现网络仅包含28个节点，这说明该演练中决策者的部署较为集中，且具有较高的共识，大多数决策者重点部署的内容仅仅是这28个应急目标和任务中的一部分，部署的发散性并不强。

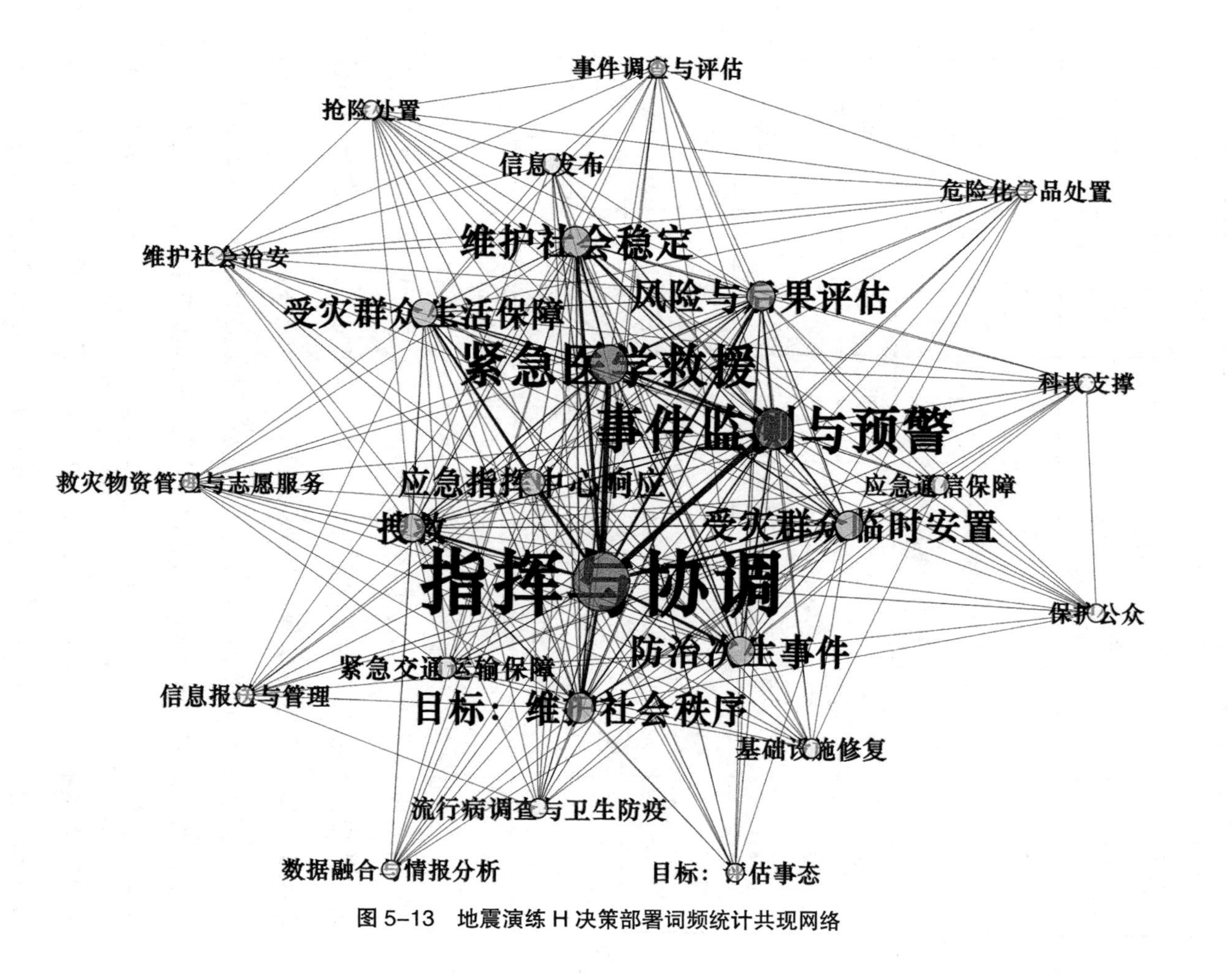

图 5–13　地震演练 H 决策部署词频统计共现网络

表 5-14　地震演练 H 决策部署词频统计共现网络中节点加权度情况

序号	节点标签	度中心性	加权度
1	指挥与协调	25	577
2	事件监测与预警	25	330
3	紧急医学救援	25	308
4	维护社会稳定	25	187
5	受灾群众临时安置	25	168
6	防治次生事件	25	168
7	风险与后果评估	25	168
8	目标：维护社会秩序	25	168
9	搜救	24	150
10	受灾群众生活保障	25	142
11	应急指挥中心响应	14	123
12	紧急交通运输保障	13	49

6.地震演练IJ决策部署情况分析

如表5-15、表5-16、图5-14和图5-15所示，地震演练IJ的词频统计共现网络和节点加权度情况具有较相似的特征，这两次演练都重点部署了紧急交通运输保障和基础设施修复，显然，这两次演练的决策者尤其注意到了样例中基础设施修复的缺项。与地震演练H相似的是，这两次演练的度中心性和加权度也都偏低，两者共现网络的节点总数都为31，也相对偏少。与地震演练H一样，这两次演练决策者的部署也较为集中且具有较高的共识性，可以说，三次演练决策者的部署发散性都不算太强，在固定框架内作出有限决策和部署的偏好特征较为明显。

表 5-15 地震演练 I 决策部署词频统计共现网络中节点加权度情况

序号	节点标签	度中心性	加权度
1	指挥与协调	28	903
2	紧急医学救援	28	573
3	事件监测与预警	28	529
4	受灾群众生活保障	27	328
5	搜救	28	324
6	防治次生事件	28	300
7	受灾群众临时安置	28	297
8	维护社会稳定	27	286
9	目标：维护社会秩序	27	272
10	风险与后果评估	28	260
11	紧急交通运输保障	22	201
12	基础设施修复	22	200

表 5-16 地震演练 J 决策部署词频统计共现网络中节点加权度情况

序号	节点标签	度中心性	加权度
1	指挥与协调	28	1021
2	紧急医学救援	27	673
3	事件监测与预警	27	554
4	受灾群众临时安置	27	342
5	风险与后果评估	27	335
6	防治次生事件	27	329
7	目标：维护社会秩序	27	319
8	搜救	27	310
9	维护社会稳定	27	292
10	受灾群众生活保障	26	263
11	紧急交通运输保障	23	210
12	基础设施修复	24	168

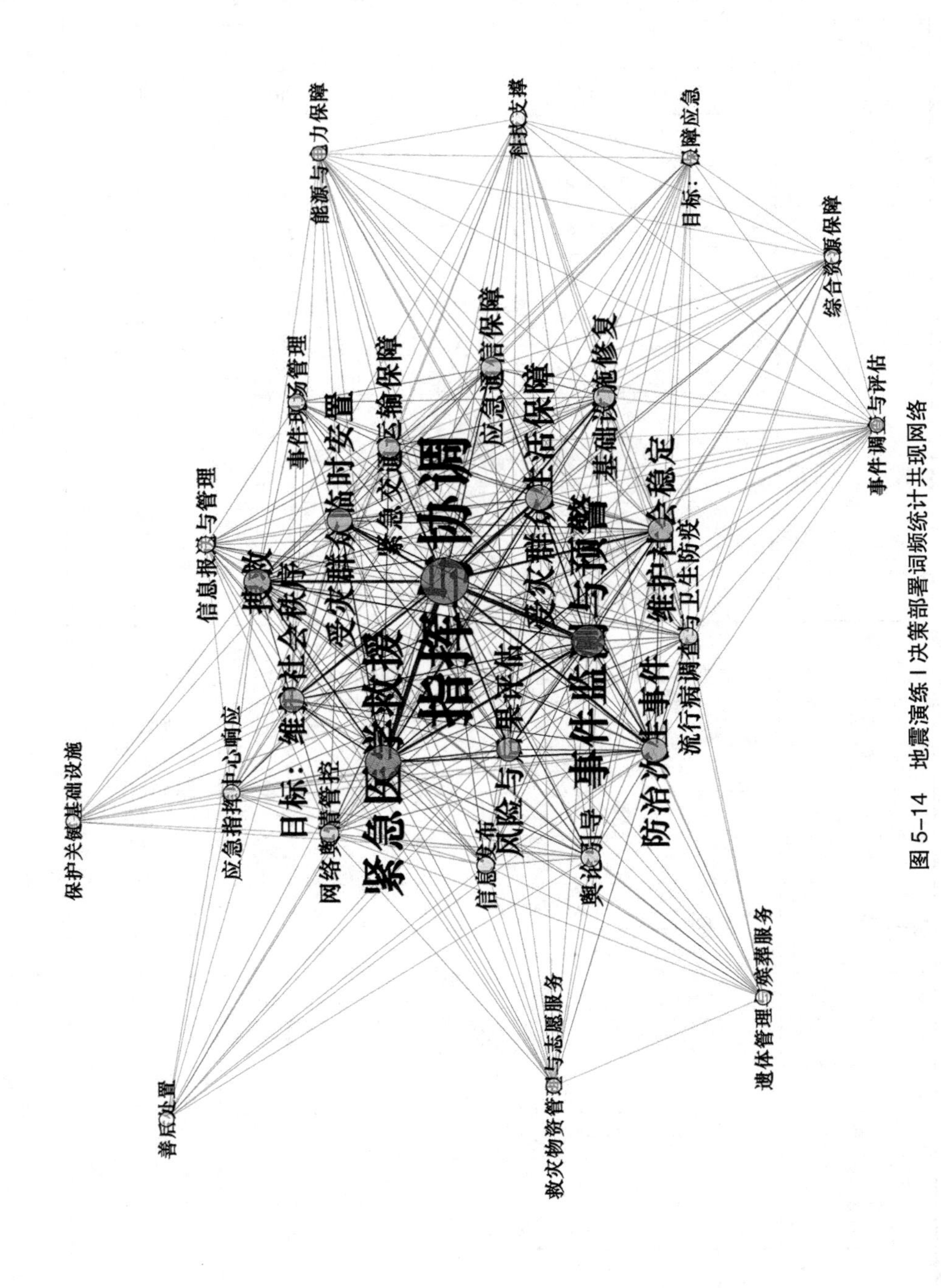

图 5-14　地震演练 I 决策部署词频统计共现网络

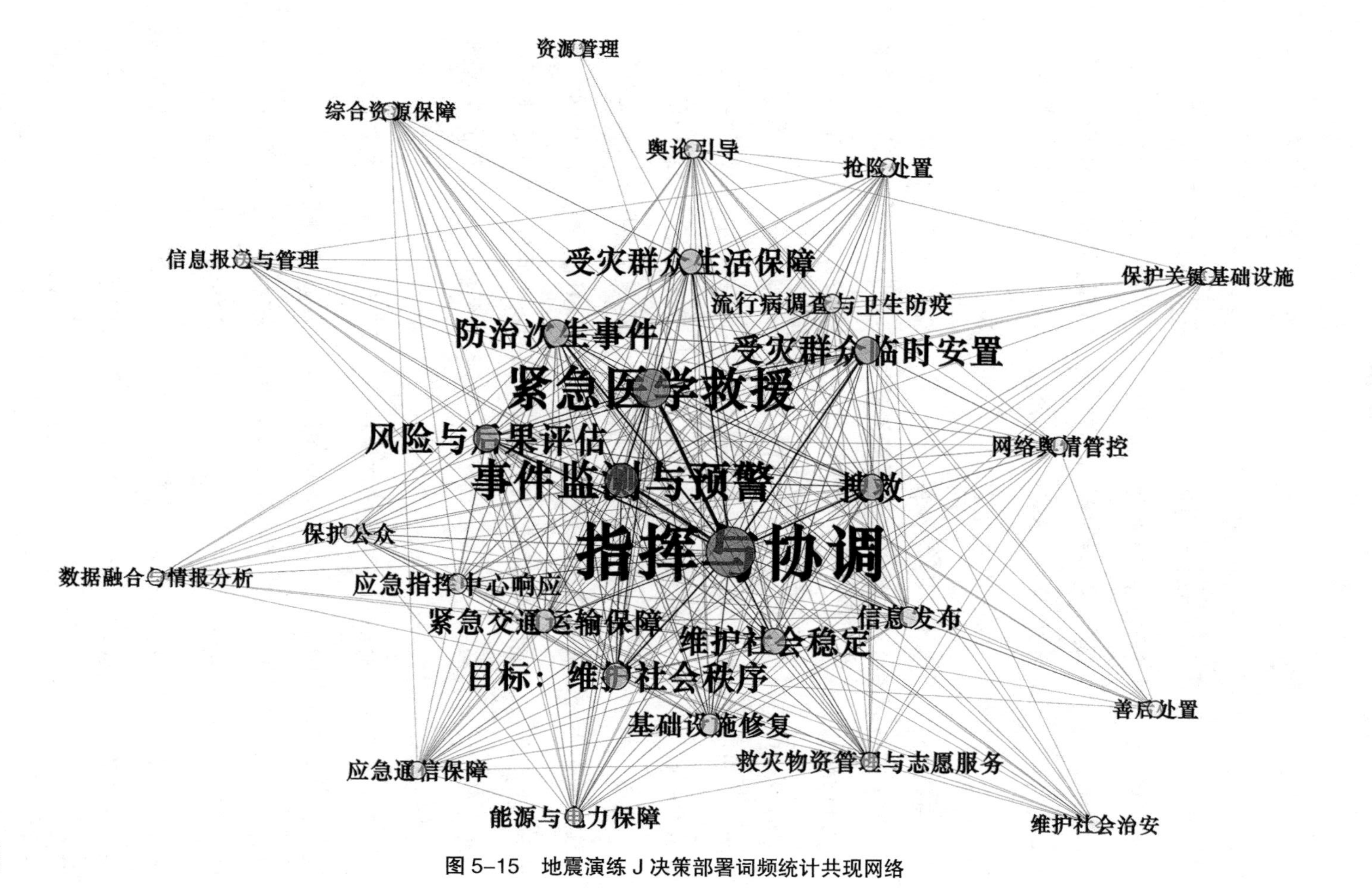

图5-15 地震演练J决策部署词频统计共现网络

综上，基于词频统计的共现网络分析可以分析出的特征比较有限，该方式下的共现网络主要能体现不同演练、不同决策者的共性特征，对其特殊性的偏好性特征表现并不明显。此外，决策者的专业背景、能力和地域等要素的影响会导致决策部署特征存在相似性和差异性，例如BCD、EFG、HIJ各自之间存在差异性特征，同时各自内部存在相似性特征，其中，BCD演练的决策者来自新疆和广东的偏多，EFG演练的决策者应急管理专业能力较强，HIJ演练的决策者在综合管理能力上更强。

（三）基于PMI的共现网络分析

为了突破词频统计共现网络分析的局限性，这部分分析还包括基于改进PMI值的共现网络分析，与人工判读有关PMI的设计一致，这里所强调的PMI值不再进行对数计算，这种设计会使得PMI值的差异性变大，在共现网络中更能突出网络结构特征。在基于PMI值的共现网络中，节点大小表示度中心性大小，即节点的连边数量，节点标签大小代表节点加权度大小，即不光包含节点连边数量还包括节点的边权重，节点间的边权重代表着基于两节点计算所得的PMI值，边权重越大，PMI值就越大。在网络布局上，作者以尽可能展现网络结构特征的布局为主。此外，为了表现不同演练中的决策偏好特征，这部分内容同样对所有演练和每个演练的决策部署数据进行了针对性分析。

显然，基于PMI的共现网络的结构特征与基于词频统计的共现网络不同，在针对基于PMI的共现网络开展分析时，主要观察三个方面：一是节点大小。节点大小代表了度中心性，如果该节点被部署次数较多，度中心性就会偏大。二是节点标签大小。节点标签大小代表了节点的加权度，如果该节点很小但加权度较大说明该节点存在高权重连边。三是边权重大小。边权重越大边越粗，在网络中越明显，边权重越大证明所连接的两个节点的共现次数占各自被部署的比例越高，两个节点所代表的任务之间具有更高的部署关联性。不同节点之间的关联性是不同决策者决策偏好的重要体现，能够从侧面反映决策者在进行决策时重点考虑的内容和目标。

根据上述三个方面的观察，主要可能存在几个方面的现象。

一是节点很大标签偏小且不存在高权重连边。这种节点大多属于词频共现网络中的高频部署任务，由于部署次数非常多，导致这种节点与大多数节点之间都存在共现关系，但又占其总部署次数的比例偏小，因此很少会存在高权重连边，这种节点所代表的任务主要体现了决策者的共性部署特征，受其高频部署的影响，这种节点无法反映决策者决策部署的差异性。

二是节点很大标签偏大但不存在明显高权重连边。这类节点被部署的次数也比较多，也同样与较多任务之间存在共现关系，但关联性都不强，这类节点通常属于中等频次部署的任务，缺乏高权重连边说明这类节点所代表任务被部署的分散性，逻辑性偏弱。

三是节点很大标签偏大且存在高权重连边。首先这类节点被部署频次较多，且虽然与其他很多任务存在共现关系，但相对而言具有共现概率最高的邻居节点，即高权重连边所连接的邻居节点，两者具有相对较为明显的关联性。

四是节点很小标签很大且存在高权重连边。这类节点被部署的频次非常少，但因为存在高权重连边，因此具有较大的加权度，这意味着这类节点一旦被部署大概率会与相应的邻居节点共现，该节点与该邻居节点之间存在高关联性。这类节点能够表现出决策群体中非共性部署产生的差异性特征，并且这种差异性特征不受高频部署的影响。

五是节点很小标签偏小且不存在高权重连边。这类节点被部署的频次偏少、与其他任务的关联性也偏弱，属于极少被考虑到的内容。

综上所述，对基于PMI的共现网络展开分析，重点观察PMI值即连边权重的大小，连边越大两节点所代表任务的关联性越强。并且，如果两节点的度中心性越小，那么两任务间的关联程度则越高。

1. 10次地震演练决策部署情况整体分析

根据上述分析逻辑，如图5–16所示，该共现网络中高权重连边结构有：节点“应急人员安全健康”与节点“目标：有效沟通公众与媒体”；节点“目标：加强现场组织与管理”与节点“现场清理”；节点“目标：救助受灾群众”与节点“应急人员安全健康”；以及节点“保持重要业务连续性”与节点“恢复重建规划”之间的连边结构。

这7个节点在图5–5中都不属于前12位的高频部署节点，同时，这7个节点的度中心性（节点大小）都偏小，尤其是现场清理、救助受灾群众、保持重要业务连续性等，节点度中心性越小节点间的任务关联性越强。这4条边7个节点呈现出了不受高频部署任务干扰下的决策偏好特征。

综上，从10次演练数据来看，比较突出的几种偏好有：重点面向应急人员保护和公众沟通部署、重点面向重要服务和恢复重建、重点面向现场组织管理部署、重点面向群众救助部署。这几个部署偏好体现了地震灾害处置的重点，但也能看出部署不全面的地方，如危化品或核设施处置、遗体管理与殡葬服务、对保障人民群众生命财产安全理念的强调等仍需加强。

另外，位于网络中间的节点大部分为图5–5中的高频节点，虽然这些节点高频，但高频特征只能体现在度中心性上（节点偏大），很明显这些节点的加权度都偏低，且不存在较高权重的连边，这说明这些节点所代表的任务虽然被部署的频次很多，但与其共现的其他任务占其被部署频次的比重较小，这些节点受高频部署的影响，很难发现会与其他某些节点产生高关联性。当然，网络中也存在一些节点虽然具有高度中心性和较高的加权度，但也与其他节点的关联性较弱，如紧急交通运输保障、救灾物资管理与志愿服务、保护公众、应急通信保障等，这些任务不存在较

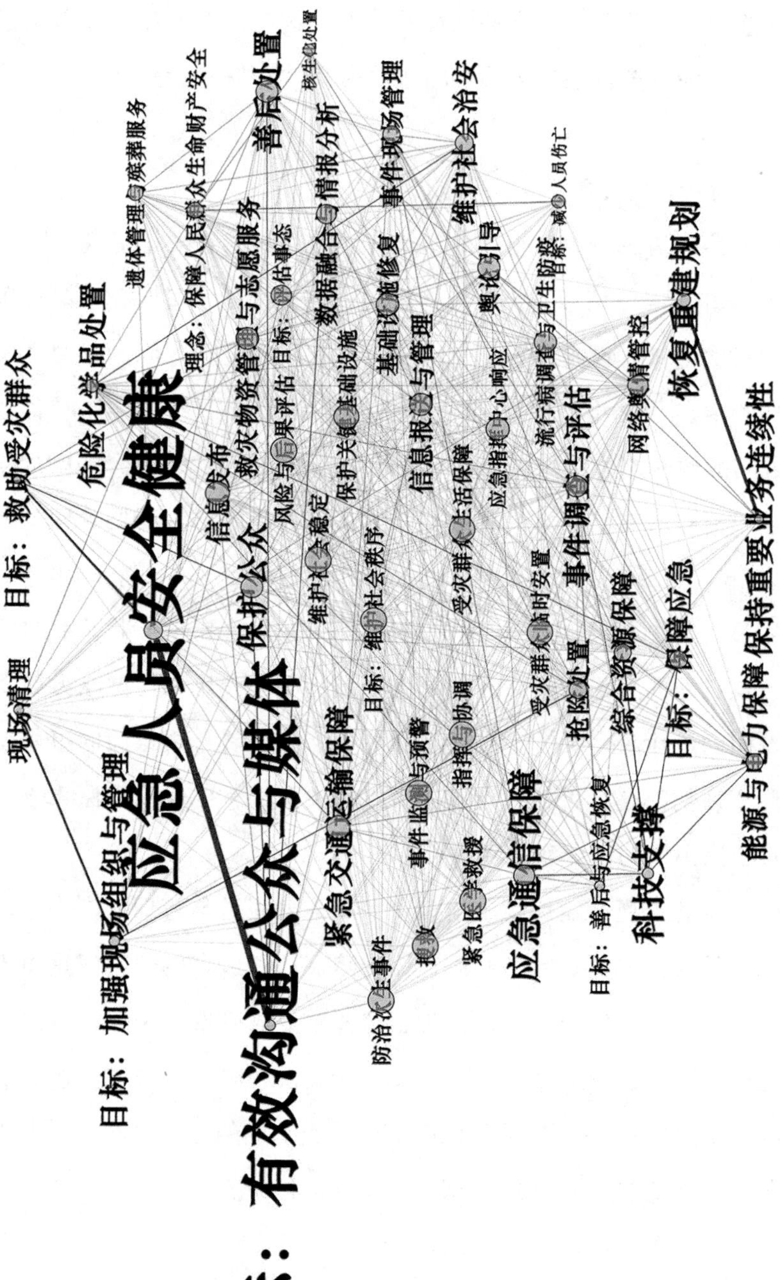

图 5-16　10 次地震演练决策部署基于 PMI 的共现网络

高权重的连边，因此不具有高关联性的节点，这些节点的存在说明某些任务的部署是较为发散且细碎的，独立于部署惯性和偏好所呈现的集中目标和逻辑之外。

2.地震演练A决策部署情况分析

根据上述网络分析的逻辑，地震演练A的决策部署数据呈现不完全相同的特征。如图5-17所示，高权重连边结构有：节点“危险化学品处置”、节点“保护关键基础设施”与节点“目标：保障应急”之间的两两高权重连边结构；节点“网络舆情管控”、节点“舆论引导”与节点“应急通信保障”之间的两两连边结构；节点“舆论引导”与节点“能源与电力保障”之间的连边结构；节点“事件调查与评估”与节点“事件现场管理”之间的连边结构。

很明显，与10次演练的决策结果对比，地震演练A产生了不同的决策偏好：重点面向舆论舆情和通信部署，重点面向舆论和能源电力保障部署，重点面向危化品、关键基础设施和应急保障部署，重点面向事件现场管理与调查评估部署。可见，地震演练A的决策部署比较看重保障方面的内容以及舆论舆情的引导和管理。

此外，紧急交通运输保障、信息发布、信息报送与管理的度中心性和加权度都比较大，尤其是紧急交通运输保障。这些节点的连边权重虽不是最低，但也并不过分突出，可以认为，这些节点与其部分邻居节点之间具有关联性，但不强，如紧急交通运输保障—能源与电力保障、信息发布—舆论引导、信息发布—应急通信保障等。这类节点的任务在部署时的逻辑较为发散，该结论与10次演练数据的分析结论相似。

3.地震演练B决策部署情况分析

如果说地震演练A最突出的偏好性是危化品、关键基础设施和应急保障的部署，那么地震演练B则呈现了完全不同的偏好方向。图5-18呈现了

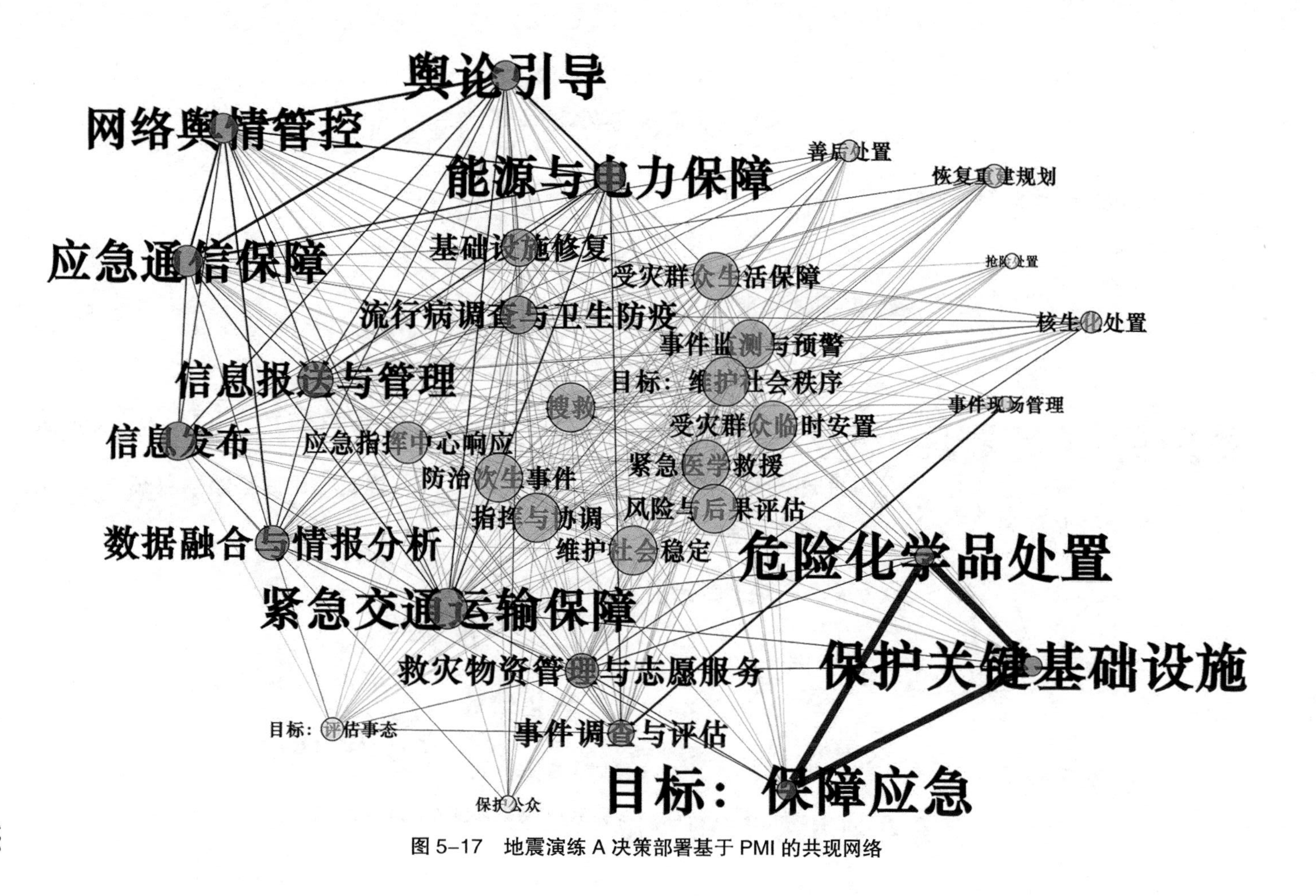

图 5–17　地震演练 A 决策部署基于 PMI 的共现网络

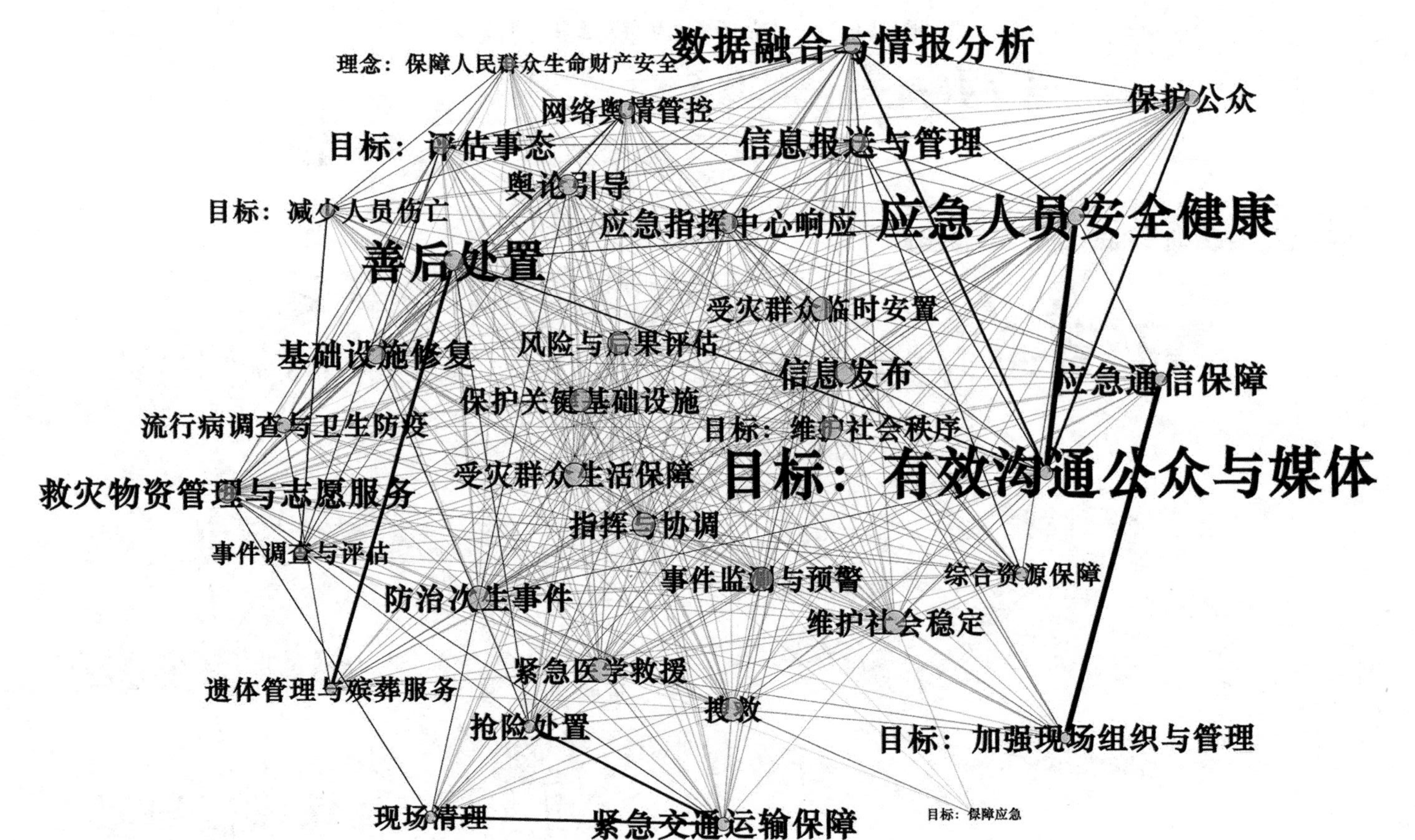

图 5-18 地震演练 B 决策部署基于 PMI 的共现网络

演练B的决策数据，其中高权重连边结构有：节点“目标：有效沟通公众与媒体”与节点“应急人员安全健康”、节点“目标：有效沟通公众与媒体”与节点“保护公众”、节点“目标：有效沟通公众与媒体”与节点“数据融合与情报分析”、节点“善后处置”与节点“遗体管理与殡葬服务”、节点“目标：加强现场组织与管理”与节点“应急通信保障”之间的连边结构，以及节点“现场清理”、节点“紧急交通运输保障”与节点“抢险处置”之间的依次连边结构。

根据上述结构可得出演练B的决策偏好类型有：重点面向应急人员安全健康和公众沟通、情报分析部署，重点面向善后处置部署，重点面向现场管理和通信保障部署，重点面向现场清理、抢险处置与交通保障部署。

首先，演练B中的决策偏好更丰富，其中最突出的偏好是公众沟通，在加强公众沟通的同时，会同步考虑到保护公众、应急人员安全健康、数据汇集和分析，这部分的部署偏好充分体现出决策者对人和信息的问题十分关注。其次，演练B另一个比较关注的部署方向是场内管理和支撑场内管理的各项保障，可见，演练B的决策部署重点关注场内应急中的人、物、环境和保障。

4.地震演练C决策部署情况分析

演练A注重应急保障，演练B注重公众沟通，而演练C则更注重受灾群众救助，如图5-19所示，演练C中的高权重连边结构有：节点“目标：救助受灾群众”与节点“应急人员安全健康”、节点“应急通信保障”与节点“能源与电力保障”、节点“信息报送与管理”与节点“遗体管理与殡葬服务”，以及节点“目标：评估事态”与节点“抢险处置”之间的连边结构。

相对于演练B，演练C偏好于解决：受灾群众和应急人员的安全问题，通信、能源电力等基本保障，伤亡善后处置和信息报送与管理问题，态势评估和处置问题。其中，伤亡善后处置和信息报送与管理问题是地震灾害

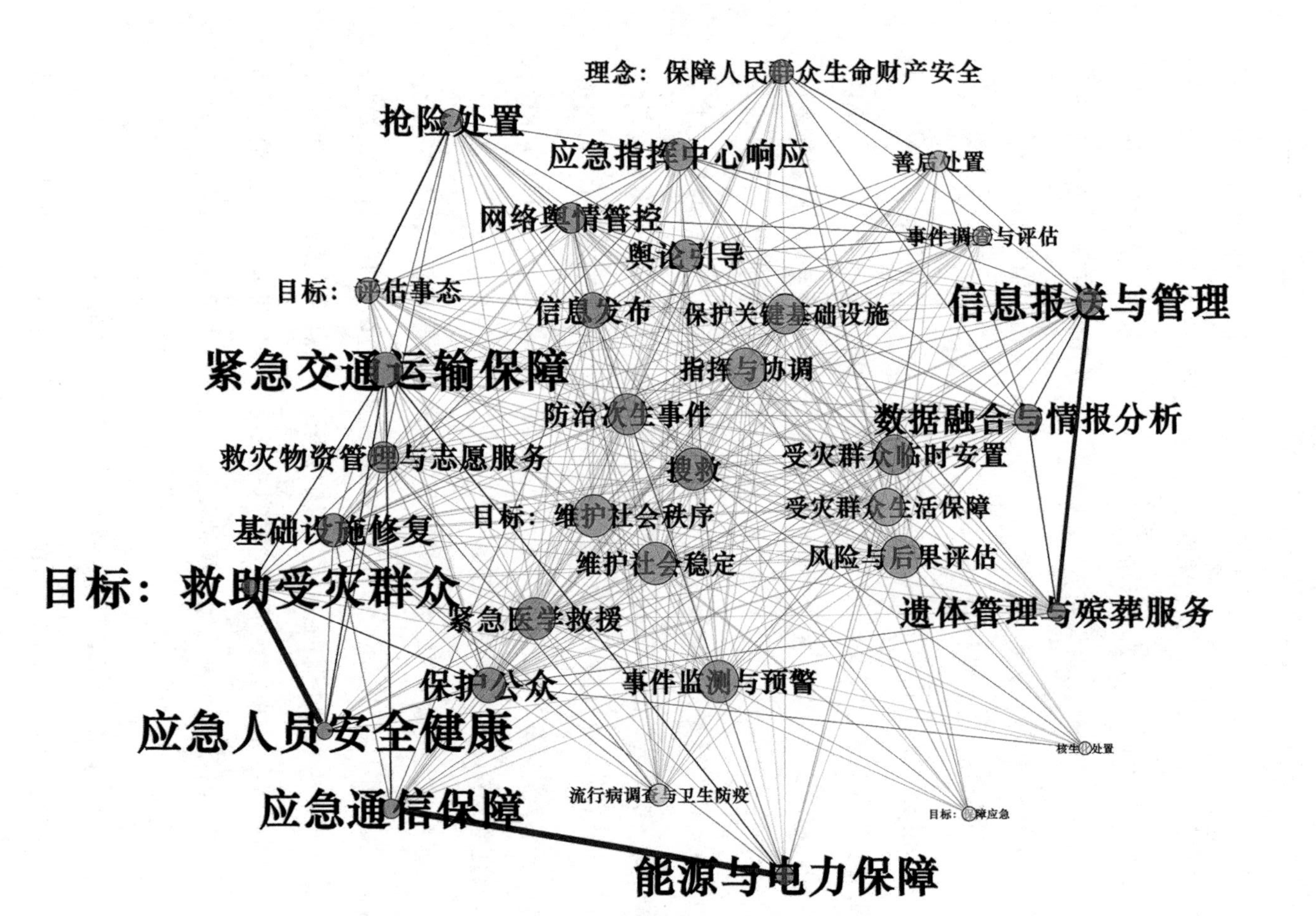

图 5–19　地震演练 C 决策部署基于 PMI 的共现网络

应急处置中非常关键的应急任务，是开展灾损评估、向社会及时公布灾情信息、维护社会稳定和基本秩序的重要基础。

此外，地震演练C中存在一些度中心性和加权度较大、但同时又缺少高权重的连边的节点，例如紧急交通运输保障，该节点具有较大的加权度和度中心性，但相对而言该节点并不具有非常明显的高权重连边，可见该任务与其他任务不具有较高的关联性，与其相关的部署都较为分散，偏好性不明显。

5.地震演练D决策部署情况分析

如图5-20所示，不同于前面三个演练的决策结果，演练D的决策中较为突出的部署是核生化处置和事件调查，只有提及核设施的部署任务才会被纳入到核生化处置这个节点当中。该任务的部署频次非常少，但却与事件调查与评估具有高关联性，可见决策者十分注重对特殊设施的风险排查和评估研判。此外，演练中还存在的高权重连边结构有：节点“理念：保障人民群众生命财产安全”、节点“核生化处置”与节点“事件调查与评估”之间两两相连的连边结构；节点“网络舆情管控”、节点“舆论引导”、节点“综合资源保障”、节点“保护公众”，以及节点“抢险处置”之间的依次连边结构；节点“救灾物资管理与志愿服务”、节点“应急通信保障”，以及节点“目标：评估事态”之间的依次连边结构。

从这些连边结构中，可分析出此次演练的决策偏好有：保护生命安全、保障和事态评估部署、舆论舆情管理部署、核生化处置和事件调查评估部署。除了前文所提及的核生化处置是演练D的一个突出特点之外，对保障人民群众生命财产安全理念的强调也是一个突出特点。理念是明确应急处置方向和指南的重要指标，该任务与核生化处置、事件调查与评估具有一定关联性，进一步体现出关注核生化处置和事件调查的目的是进一步保障人民的生命财产安全。

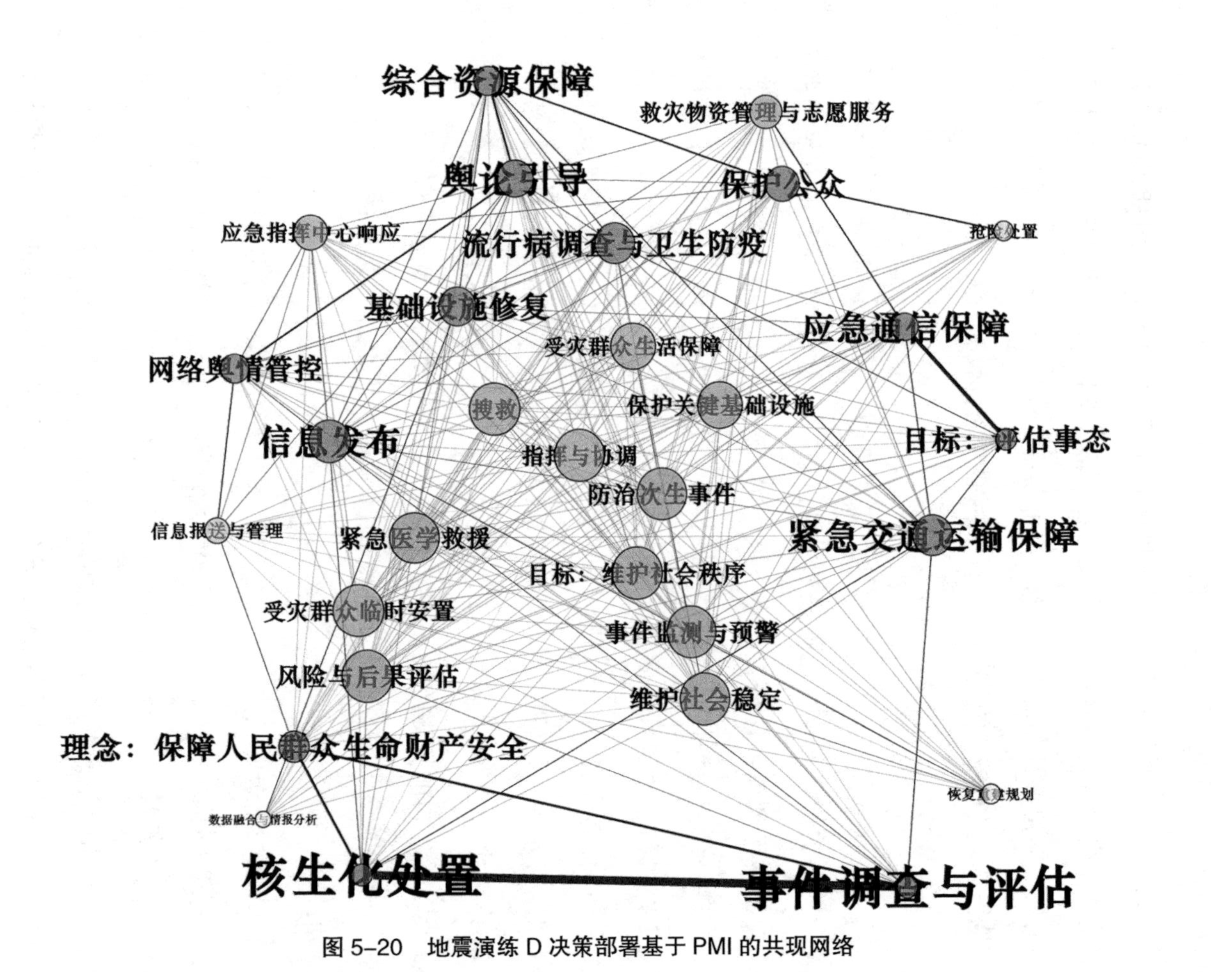

图 5-20 地震演练 D 决策部署基于 PMI 的共现网络

6.地震演练E决策部署情况分析

如图5-21所示，演练E决策部署数据中的高权重连边结构有：节点“理念：保障人民群众生命财产安全”、节点“维护社会治安”、节点“事件现场管理”、节点“救灾物资管理与志愿服务”之间两两相连的连边结构，节点“理念：保障人民群众生命财产安全”与节点“数据融合与情报分析”之间的连边结构，节点“恢复重建规划”、节点“应急人员安全健康”、节点“抢险处置”与节点“事件调查与评估”之间的依次连边结构，节点“事件现场管理”、节点“能源与电力保障”与节点“应急通信保障”之间两两相连的连边结构，节点“基础设施修复”、节点“善后处置”与节点“舆论引导”之间的依次连边结构，以及节点“信息报送与管理”与节点“善后处置”之间的连边结构。

节点“理念：保障人民群众生命财产安全”在演练E中的部署最突出，但节点并不大，这意味着该任务的部署次数并不多，然而该任务与多项任务之间存在的高权重连边结构表明该任务与这些任务之间存在高关联性，决策者更倾向于同时开展这些任务的部署。从演练E的数据来看，主要存在的偏好部署有：重点强调处置理念，同时部署场内管理和场外治安，并强调资源和志愿的支持；强调抢险处置的同时强调人员安全健康、恢复重建规划及事件调查与评估；注重善后处置和基础设施修复，以及可能造成的舆论问题；注重现场管理和必要的通信、能源电力保障。

相对而言，该网络中还存在一些权重较为明显的边结构，例如紧急交通运输保障—抢险处置、善后处置、事件现场管理等，这些任务之间也具有一定关联性，但关联程度不强。紧急交通运输部署的分散性已经在多次演练数据中有所体现，可见决策者将其关联部署的逻辑性并不强。然而，紧急交通运输保障又是地震灾害应对中保证空间有序性的重要任务，因此需额外注重和加强。

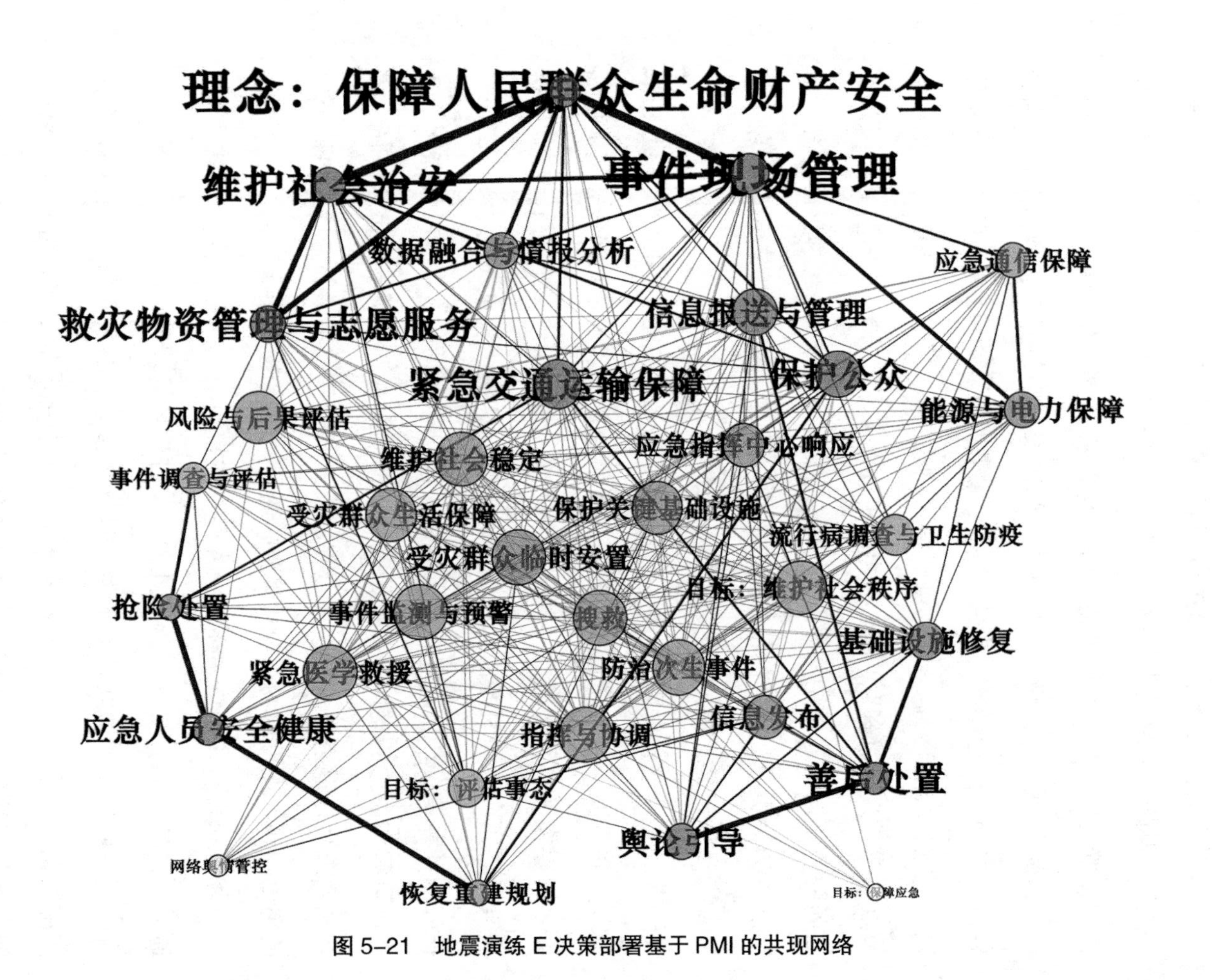

图 5-21 地震演练 E 决策部署基于 PMI 的共现网络

7.地震演练F决策部署情况分析

图5-22呈现了演练F基于PMI的共现网络结构，该网络中较为突出的高权重边结构有：节点“流行病调查与卫生防疫”、节点“危险化学品处置”与节点“应急通信保障”之间的依次连边结构，节点“舆论引导”、节点“危险化学品处置”与节点“网络舆情管控”之间的依次连边结构，节点“抢险处置”、节点“目标：加强现场组织与管理”、节点“现场清理”、节点“善后处置”、节点“遗体管理与殡葬服务”与节点“维护社会治安”之间的依次连边结构，节点“目标：保障应急”、节点“事件现场管理”与节点“事件调查与评估”之间的依次连边结构，节点“综合资源保障”与节点“维护社会稳定”之间的连边结构。

该网络中应急通信保障和危险化学品处置之间具有最高权重的连边，表明了两个任务之间的高关联性，是演练中决策者的最突出的偏好特征。另外，流行病调查与卫生防疫、舆论引导、网络舆情管控与危险化学品处置之间具有一定关联性，表明决策者会同时关注危化品处置可能引发的一系列影响。在维护社会治安方面，遗体管理与殡葬服务与其具有关联性，同时遗体管理与殡葬服务和善后处置之间具有一定的关联性，可见，维护社会治安的主要任务是做好受难人员的善后工作和受难家属的安抚工作，用情感化解矛盾。在现场管理方面，现场清理、抢险处置和加强现场组织管理的目标之间具有关联性，现场清理和抢险处置都是现场管理的重要任务，此外，事件现场管理作为现场组织管理的核心任务，与保障应急之间具有强关联性，后者为前者的有序性提供支撑。

综上，演练E所体现的偏好部署有：重点面向危化品处置及相关保障和降低可能的影响进行部署，重点面向维护社会治安、做好受难人员善后

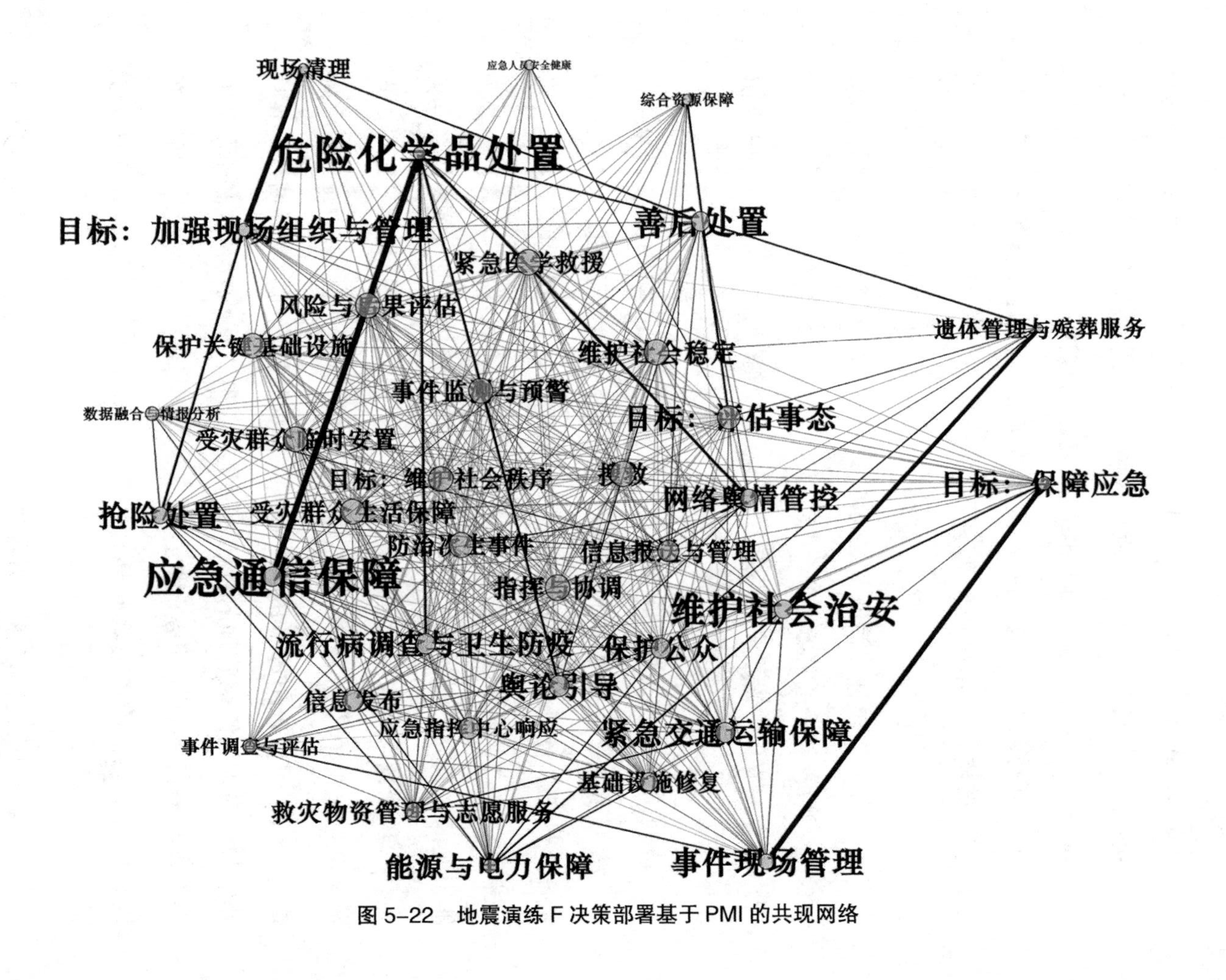

图 5-22 地震演练 F 决策部署基于 PMI 的共现网络

工作部署，重点面向现场管理和其保障部署。

8.地震演练G决策部署情况分析

图5–23呈现了演练G的决策部署情况，该演练的网络中存在的高权重边结构相对较为分散，主要有：节点“目标：评估事态”与节点“保护公众”之间的连边结构、节点“保持重要业务连续性”与节点“恢复重建规划”之间的连边结构、节点“应急人员安全健康”与节点“遗体管理与殡葬服务”之间的连边结构、节点“基础设施修复”与节点“维护社会治安”之间的连边结构，以及节点“事件现场管理”、节点“综合资源保障”、与节点“善后处置”两两相连的连边结构。

其中，保护公众旨在转移疏散受灾群众，对事态的评估也是疏散群众中的重要一环，是保障疏散效率的重要措施，因此两者之间具有明显的关联性。此外，也有决策者同时考虑到事件现场管理、综合资源保障、善后处置的问题，综合资源保障能够为现场管理和善后处置提供必要的支撑。另外，该演练的数据中出现了保持重要业务连续性的部署，并且该任务与恢复重建规划具有关联性，通常这方面的部署内容较少被顾及，尤其在灾害初期部署中很少被部署，但保持重要业务连续性对于快速恢复生产生活十分重要，这也体现了决策者非常独特性的部署偏好。综上，演练E的部署偏好有：重点面向保护公众和事态评估部署，重点面向现场管理、善后处置及综合保障部署，重点面向应急人员安全问题和遗体管理部署，重点面向基础设施修复和治安维护部署。

此外，网络中流行病调查与卫生防疫、应急通信保障、救灾物资管理与志愿服务等节点的加权度也偏大，但不具有特别明显的高权重连边，则可以认为该任务在演练中的部署较为发散，虽然总是被部署，但决策逻辑和部署的偏好性不强。

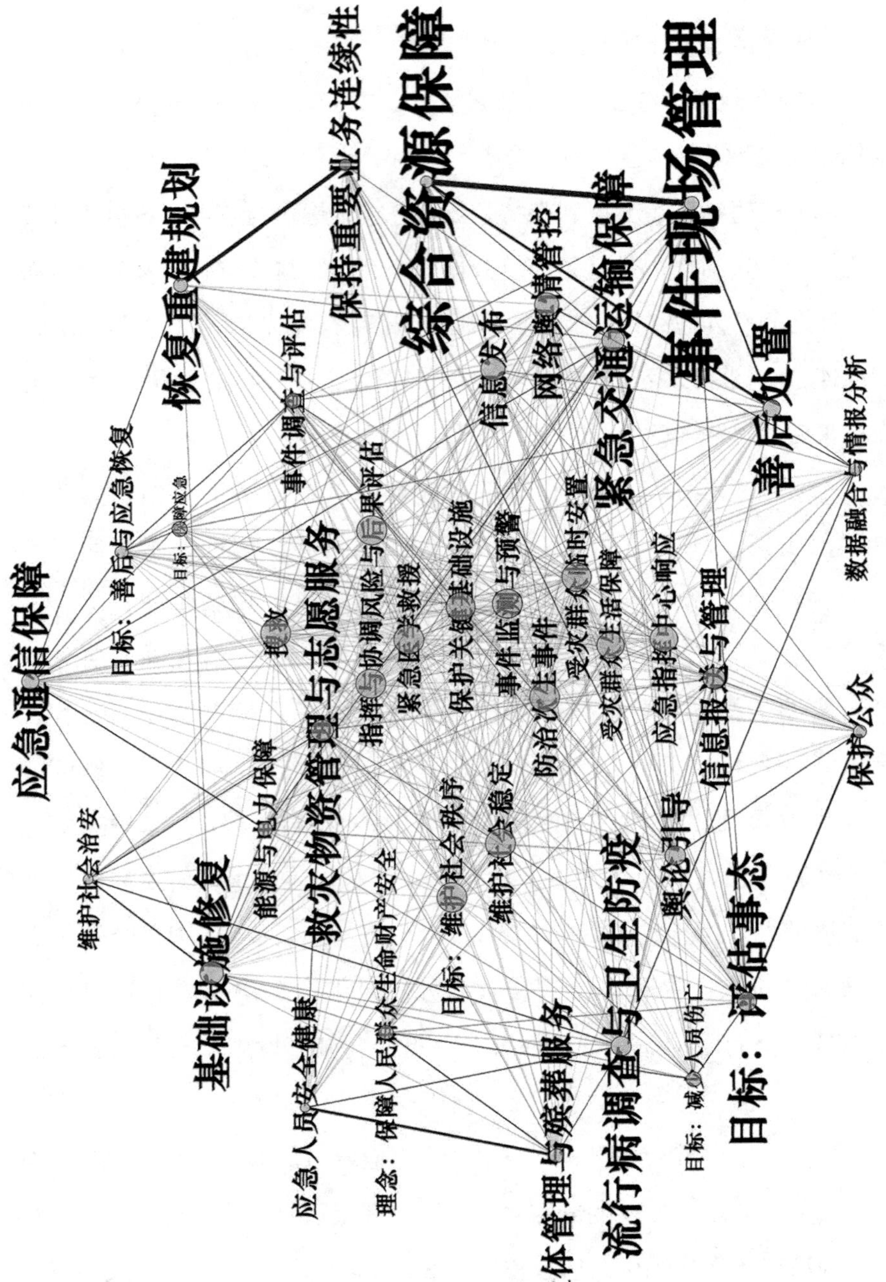

应急通信保障
维护社会治安
目标：善后与应急恢复
目标：保障应急
恢复重建规划
基础设施修复
能源与电力保障
搜救
事件调查与评估
应急人员安全健康
救灾物资管理与志愿服务
保持重要业务连续性
指挥与协调风险与后果评估
理念：保障人民群众生命财产安全
紧急医学救援
综合资源保障
目标：维护社会秩序
保护关键基础设施
信息发布
维护社会稳定
事件监测与预警
防治次生事件
网络舆情管控
遗体管理与殡葬服务
受灾群众临时安置
受灾群众生活保障
紧急交通运输保障
流行病调查与卫生防疫
应急指挥中心响应
舆论引导
事件现场管理
目标：减少人员伤亡
信息报送与管理
目标：评估事态
善后处置
保护公众
数据融合与情报分析

图 5-23 地震演练 G 决策部署基于 PMI 的共现网络

9.地震演练H决策部署情况分析

演练H的决策部署数据如图5-24所示，很明显，该网络中边权重差异较大，且高权重边结构较为集中，这说明演练中的决策者部署的偏好性比较聚焦，偏好现象明显。其中，较为明显的高权重边结构有：“抢险处置”“维护社会治安”“信息发布”“危险化学品处置”“事件调查与评估”5个节点两两高权重相连结构，节点“救灾物资管理与志愿服务”、节点“基础设施修复”、节点“紧急交通运输保障”之间两两相连的连边结构，节点“流行病调查与卫生防疫”、节点“信息报送与管理”、节点“应急指挥中心响应”与节点“目标：评估事态”之间的依次连边结构，节点“保护公众”、节点“科技支撑”、节点“应急通信保障”之间两两相连的连边结构。

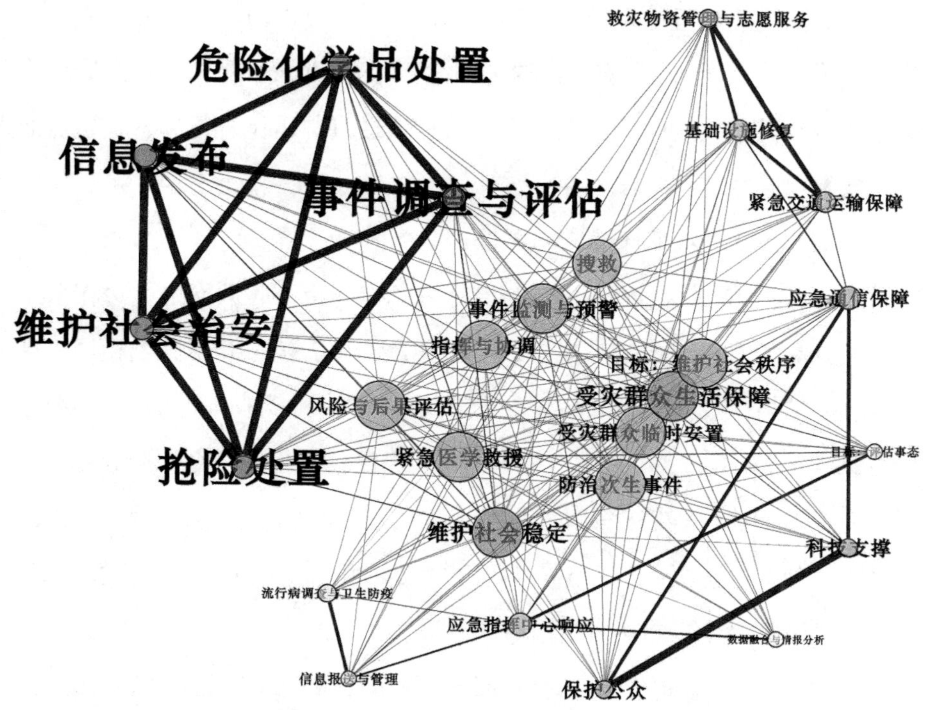

图5-24　地震演练H决策部署基于PMI的共现网络

其中，最为明显的偏好性部署是第一个高权重边结构，5项任务两两之间都具有高关联性，其中包括场内的抢险处置、调查评估、危化品处置等，也包括面向场外的信息发布和社会治安的维护。此外，第二条边结构中基础设施修复和紧急交通运输保障都是该演练中的高频部署任务，但同时这两个任务相互之间以及与救灾物资管理与志愿服务之间具有高关联性，可见，第二条边结构不光能够体现决策者决策部署的偏好性，还能够体现决策者决策部署的优先选择。再者，第三条边结构与指挥中心运作和卫生防疫相关，可见卫生防疫及其相关的信息报送是另一个决策部署偏好。最后一个边结构也形成了三角形闭环，其中包含科技支撑和通信保障，两者之间具有关联性，随着科技的不断更新迭代，越来越多的处置过程需要科技力量提供支撑。

综上，演练H所包含的决策部署偏好有：重点面向场内场外核心任务开展部署，重点面向物资管理、志愿服务、基础设施修复和紧急交通运输保障开展部署，重点面向卫生免疫、信息报送机制运作进行部署，重点面向科技力量应用进行部署。

10.地震演练I决策部署情况分析

如图5–25所示，演练I具有与演练H相似的特征，即网络中边权重差异较大且高权重边结构较为集中，但所聚焦的部署任务并不完全相同。观察该网络结构，较为明显的高权重边结构有："事件调查与评估""能源与电力保障""科技支撑""综合资源保障""目标：保障应急"这5个节点两两高权重相连，"流行病调查与卫生防疫""遗体管理与殡葬服务""救灾物资管理与志愿服务"3个节点两两高权重相连，以及节点"科技支撑"与"应急通信保障"的连边结构。

显然，首先，演练H最明显的偏好特征是倾向于部署保障方面的内容。其次，流行病调查与卫生防疫、遗体管理、救灾物资与救援服务之间

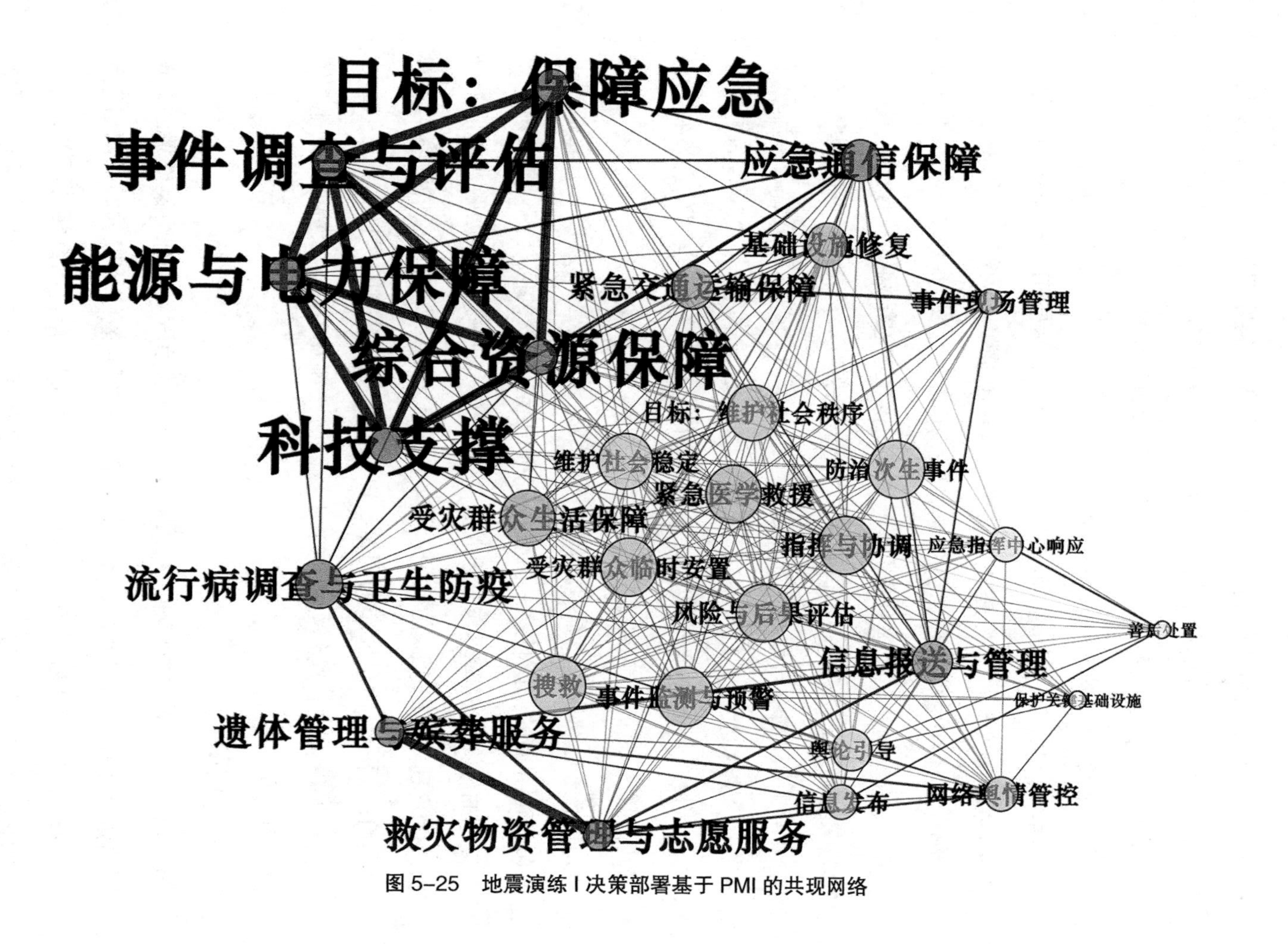

图 5–25 地震演练 I 决策部署基于 PMI 的共现网络

也有较为明显的关联性。再者，与演练H相似，偏好部署科技支撑与通信保障。总之，演练I的决策部署偏好有：重点面向保障应急进行部署，重点面向防疫方面进行部署，重点面向科技力量应用进行部署。

11. 地震演练J决策部署情况分析

如图5–26所示，演练J的共现网络结构特征就与HI完全不相同，并且演练J中更为突出的偏好是救灾物资管理与志愿服务的部署。该网络中的高权重连边结构有："救灾物资管理与志愿服务""维护社会治安""保护公众""数据融合与情报分析"4个节点的依次连边结构，"舆论引导""保护关键基础设施""网络舆情管控""善后处置"4个节点"回路型"依次连边结构（如图中虚线框内的连边结构），节点"救灾物资管理与志愿服务"与"保护关键基础设施"、节点"维护社会治安"与"风险与后果评估"、节点"应急通信保障"与"能源与电力保障"、节点"信息发布"与"善后处置"之间的连边结构。

前5条边结构虽然看似分散，但在网络中总是能够连接到一起，它主要包括两方面的偏好性，一方面围绕维护社会治安的问题，会同时部署提供支撑的救灾物资管理与志愿服务、风险与后果评估、数据融合与情报分析，以及具体面向公众的保护；另一方面围绕善后处置，会同时考虑到舆论舆情的问题、信息发布的问题，以及关键基础设施的保护。最后一条边结构与保障相关，通信与能源电力保障总是相互关联，该特征在其他演练数据中也存在。

（四）小结

综上，作者从基于词频和基于改进PMI的角度对演练决策部署的共现网络进行了系统的分析。对于不同的演练数据，基于词频的共现网络极易受到样例和高频部署任务的影响呈现出相似的特征。与其相匹配的是，基于PMI的共现网络可以排除高频部署任务的干扰，呈现个别部署任务之间

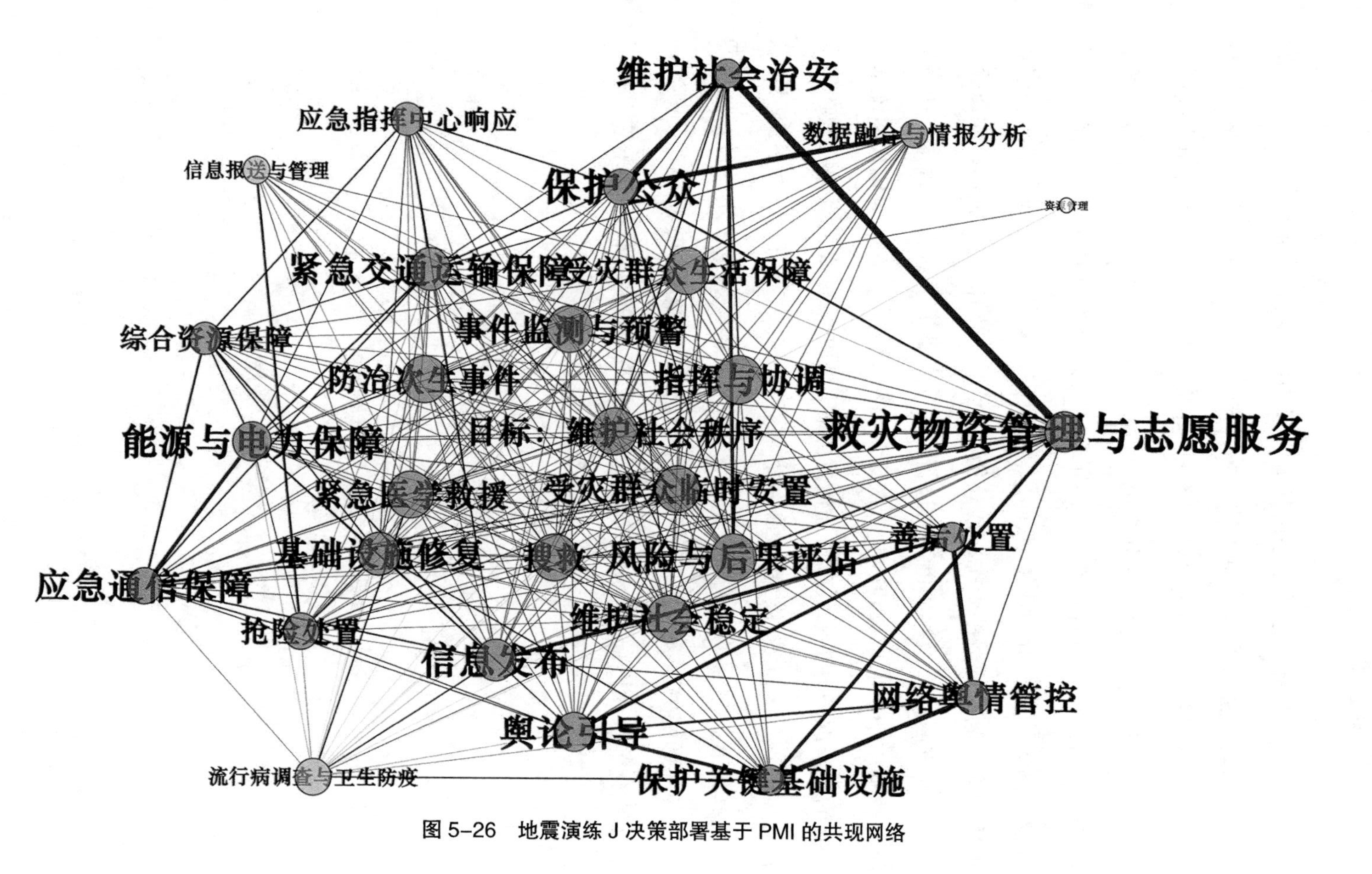

图 5-26 地震演练 J 决策部署基于 PMI 的共现网络

的关联性。通常具有强关联性的任务大多为决策者跳出给定样例自行开展的任务部署，能够反映决策者的决策偏好，因为参与演练的人员在地域、职位、经验、专业等存在差异，因此，不同的演练数据会呈现出不同的决策偏好。但是，这种偏好性分析仍旧具有个性化特点和片面性，如果某个任务被部署的次数有且仅有1次，那么它与共现的部署任务之间是否就具有极高的关联性？那岂不是被部署次数越少关联性越强？也就是说，PMI虽然剔除了高频部署的干扰，但是仍旧受到了低频部署的影响，如何突破PMI在这方面的片面性，仍需再进行进一步的研究和探索。当然，在诸多个性化分析中仍旧可以找到共性的偏好特征。例如，在针对每次演练基于PMI的共现网络分析中，应急通信保障和能源电力保障的高关联性在多次演练中出现过，维护社会治安和救灾物资管理与志愿服务以及舆论引导和网络舆论管控之间的强关联关系也在至少2次演练数据中出现过，如果两个任务间的强关联关系在多次演练中出现那么该结论一定程度上受某次演练个性化或片面性部署的影响较小，能够呈现决策者共性的偏好特征。

第三部分

信息共享：地震灾害信息共享过程研究

危机状态下的信息共享是指各部门为预防和应对危机进行的应急信息收集、报送、报告、交换和分析活动，是政府危机信息管理的重要组成部分。[①]组织体系内的信息共享直接决定了危机状态下多元主体的协同效率和危机应对决策的准确性。尤其是在当代社会风险挑战不断增加的情况下，风险的突发性、不确定性、叠加性、连锁性、破坏性明显增强，跨领域危机、跨部门危机、跨区域危机等跨界危机出现概率增大，公共危机呈现出极强复合性和鲜明跨界性的特点。[②]当代社会的危机应对更需要多元主体的参与和有效协同。各专业领域已经无法进行清晰的分割，需要以整体论的视角来看待现代危机应对。协同论创始人哈肯教授曾说过："取更长的时间镜头，合作是秩序形成过程中的主流现象。没有部件之间的合作，所有的有机体都将无法存活；没有有机体之间的合作，生态和社会系统将不复

---

① 辛立艳，毕强.政府危机信息管理及决策机制研究述评［J］.图书情报工作，2012，56（17）：15-20.

② 张玉磊.跨界公共危机与中国公共危机治理模式转型：基于整体性治理的视角［J］.华东理工大学学报（社会科学版），2016，31（5）：59-78.

存在。从混沌到秩序，合作具有必然性。”[①]这就不得不衍生出一种新的组织形式，即协作组织，依照系统组织理论创始人切斯特·巴纳德的观点：“组织是存在于有意识的、有意图的、有目的的人之间的一种协作。”他认为，沟通、权威、具体化和目标被包含在协作的各个方面，所有的交流都与目标的确定和为行为制定的协作规定的传递有关。可见协作组织体系内的信息共享与协作本身是相辅相成的，相互影响的。多元主体的协作需要信息共享提供支撑，信息共享又源于协作组织的需求。信息共享的相互性和能动性致使参与协作的每一个主体都具有“非理性”的特点，这是构成危机应对复杂性的重要因素。

然而，与协同应对危机的现实需求不完全相符的是，现代国家所建构的治理体系是以韦伯的层级制理论为基础塑造形成的，科层制特点显著，旨在通过合理合法的权力分工将组织结构分科目、分层级进行职责划分，按照等级制度原则建立行政权威。[②]科层组织虽然也具有明确的分工和合作，但受等级制度限制，其意在追求稳定和理性，而非灵活和韧性。而危机本身就具有高度不确定性和紧迫性的应对需求，科层制的稳定性会降低灵活应对危机的能力，尤其是多层级间信息的反复传递极易造成信息损耗和失真，延误判断或者造成决策失误。因此，危机状态下的组织形式通常会发生转变以适应信息传递的灵活性需求，这是应对危机时组织韧性的重要体现。[③]例如，危机状态下，科层组织会为了形成合力产生多个中心化的组织体系，促使各相关部门可以通过联席会议会商等临时创建的渠道进行有效的信息共享，加大对危机中各方面的快速应对和统筹协调。然而，强调多

① 鲍勇剑.协同论：合作的科学——协同论创始人哈肯教授访谈录［J］.清华管理评论，2019(11)：6–19.

② 姚金伟.克服现代治理困境中“信息不对称性”难题的路径选择——兼论有效应对疫情防控阻击战中的信息不对称性［J］.公共管理与政策评论，2020，9(6)：85–96.

③ 程建新，刘派诚，杨雨萱.科层组织如何实现应急状态下的组织韧性？——基层公共组织应对重大突发公共卫生事件的案例分析［J］.中国行政管理，2023，39(4)：80–88.

中心化的组织形式虽然能够缓解多层级信息传递的影响，增加危机应对的统筹和韧性，但当前危机应对过程中，依然存在信息共享困境，其关键问题在于仅强调多中心化的组织形式是否可以真正实现多主体的协同以及有效的信息共享？从近期部分事故应对情况来看，信息共享机制仍旧有待完善。北京长峰医院“4·18”重大火灾事故调查报告明确指出此次火灾应急处置过程中属地政府及相关部门信息报告不规范、部门之间信息不通畅，存在报告滞后、迟缓等现象。[①]可见当前的信息共享机制依然无法完全满足危机应对需求，即使各部门积极创建更多的正式或非正式渠道以促进危机状态下的信息共享，但依然无法完全解决协作组织中“非理性”因素的影响，信息共享过程中依然存在组织边界、专业壁垒、文牍主义、诉求差异等多种问题。如何实现科层组织在危机状态下的高效信息共享依然是一个亟须解决的问题，这对于提高危机应对能力、强化部门协作水平具有重要意义。

① 国务院事故调查组相关负责人就北京长峰医院重大火灾事故调查工作答记者问［N］.人民日报，2023-10-26.

第六章

应急组织间的信息共享过程

一、应急机制完全启动前的信息共享过程

突发事件应对包含监测预警、信息报告、应急响应、恢复重建等多个处置阶段。各部门间的信息共享贯穿于整个突发事件应对过程中。但在常态向非常态转化过程中，信息共享所依托的组织形成有所不同。在危机上报和核实过程中，信息共享基于常态化的科层组织得以实现，危机信息呈现出自下而上信息上报和自上而下信息核实的特点，无论是信息报送还是信息核实都需要通过多层级组织的层层传递来完成。因此，初期信息共享受科层制的影响较大。而初期应对也是最需要准确性信息的阶段，是把握处置先机的重要环节。

在初期想要实现"初报快"的要求与科层组织层级制度的约束是相互矛盾的。韦伯指出："所有岗位的组织遵循等级制度原则，每个职员都受到高一级的职员的控制和监督。"[①]这意味着科层组织是非扁平化的，中央为了在有限的注意力之下形成对地方的有效管理，必须采取多级的"委托—代理"机制，"直接上级负责制"和"差序政治责任"成为该机制下的典型特征。[②]下级组织直接对上一级组织负责，信息也会通过多层级自下

① 马克斯·韦伯.支配社会学［M］.南宁：广西师范大学出版社，2004：25.

② 陈科霖.应急管理中缘何出现"信息悖论"现象？——基于中国国家治理视角的考察［J］.北京科技大学学报（社会科学版），2020，36（2）：51-54.

而上传递，每一层的信息传递都有可能造成信息损耗和失真，并且每一层信息传递都会增加信息获取的时间，从而降低上级组织的决策效率。此外，为对上一级组织负责，每一层主体在获取信息后都有可能再进行自上而下的信息核实，以确保信息的准确性，反复性地信息核实会增加信息获取时间，降低报送速度。同时，在“直接上级负责制”和“差序政治责任”双重影响下，为规避安全责任，下级组织极有可能出现瞒报现象。为了降低“委托—代理”机制负效应带来的影响，上级组织会制定监察机制约束下级组织的信息报送和共享行为。但是多层级组织自上而下的监察作用之下，上级对信息初报要快的要求会因为等级压力被层层加码到下级组织，造成“责任超载”。在信息报送压力的加持下，层级组织自下而上对信息的筛选作用逐渐变小，“为报送而报送”的现象更为凸显，上级会获取到更多有“噪声”的、未经过层级筛选的信息，甚至是无用的信息，从而增加了行政成本。并且，常态化管理中所形成的“反向避责”惯性，会使得下级组织极易将决策权强制性过渡给上级，而下级组织只单纯地扮演应急决策的执行者。[①]上级组织在获取信息混杂、决策压力较大的情况下很容易出现决策失误，这种情况既不利于上级依赖更多有效信息开展决策，也不利于对下级组织的激励赋能。

二、应急机制完全启动后的信息共享过程

当危机状态已经被确认，政府会启动应急指挥体系来强化危机应对能力。此时，危机应对的组织形式彻底转化为非常态形态。非常态化的组织形态呈现出扁平化和多中心化的特点。国家、省/市、市/区、区/县会根据突发事件等级启动不同级别的指挥体系，但基本上都会形成“前方处置、

① 邓大才.反向避责：上位转嫁与逐层移责——以地方政府改革创新过程为分析对象［J］.理论探讨，2020（2）：157–162.

后方支持”的指挥体系布局。[①]后方依靠指挥中心与前方指挥部建立联系，各专项指挥中心统一向这两个指挥机构进行信息汇报和共享。每一个专项指挥中心在其专项领域又承担着信息中心节点的作用，汇集各专项领域的处置信息。

非常态下组织形态的转变是为了增强应对灾情不确定性的韧性和适应性，强化组织对资源的统筹和全局的把握。[②]但是，非常态下多中心化的组织形态依然是在科层组织的基础上进行的转变，虽然去科层化的特点可以降低多层级信息传递带来的负面影响，但其组织内的成员依旧具有科层组织的职能限制。即使应急预案尽可能地完善了各组织成员在危机状态下的职能框架，但灾情的不确定性需要各组织成员在特定情况下跳出职能框架和科层命令的限制，实行“特事特办”。[③]因此，指挥中心和指挥部的指挥官通常需要主要领导坐镇，发挥出科层组织中“科层借势”的作用，[④]集中组织内部的注意力开展危机应对工作。当然，“科层借势”的范围是有限的，仅主要领导注意到的事情可以“特事特办”，而各部门间的大多数需求仍旧无法完全满足。并且，“科层借势”虽然有助于强化各组织成员的合作，但是这个合作是由指挥主体的行政权威促成的，合作目标需要指挥主体来确定。而非常态化下的危机处置目标首先需要指挥主体依据现场信息进行研判来确定，现场真实信息的获取又依赖下级各组织成员。下级组织成员向上级传达现场信息后，可能需要经过一个或者多

---

① 宋劲松，邓云峰.我国大地震等巨灾应急组织指挥体系建设研究［J］.宏观经济研究，2011(5)：8–18.

② 程建新，刘派诚，杨雨萱.科层组织如何实现应急状态下的组织韧性？——基层公共组织应对重大突发公共卫生事件的案例分析［J］.中国行政管理，2023，39(4)：80–88.

③ Cavallo A，Ireland V.Preparing for complex interdependent risks：a system of systems approach to building disaster resilience[J].International journal of disaster risk reduction，2014(9)：181–193.

④ 庞明礼.领导高度重视：一种科层运作的注意力分配方式［J］.中国行政管理，2019(4)：93–99.

个主体（各领域上的组织成员）的传递后，指挥主体才能够获取信息再向下传达处置命令，促成各组织成员间的合作。多个分散的主体处在处置现场与指挥主体的中间，成为信息传递的代理主体和处置任务的实施主体。信息传递代理链条的出现一方面容易造成无用的信息冗余，另一方面又容易出现关键信息的遗漏，①无论是信息冗余还是信息遗漏都不利于应急决策。

除此之外，危机应对虽然强调“专业的人干专业的事”，但专业与专业之间也存在信息共享和沟通，往往两者之间的沟通受专业壁垒的影响有可能会出现“信息认知偏差”，“信息认知偏差”是造成危机信息情报分析故障的重要因素之一。②这种认知偏差体现了科层组织的固有缺陷。科层制影响下，各政府部门相对独立，具有独特的部门利益和专业视角，各部门之间具有明显的组织边界。③④专业壁垒和组织边界导致各部门在进行合作时不可避免地会有不同利益诉求，从而产生认知偏差和信息沟通障碍。⑤尤其在危机应对中，很多突发状况或许是首次出现，在经验匮乏和结果未知的引导下各部门主动性都会受到影响，对于信息共享，通常也是被动提供，而非主动供给。非自主性地协同通常会产生很多阻碍，⑥各部门之间的资源和信息很难得到无障碍共享。⑦任务的合作通常也是以各自完成拆分后的子任务为标志，相对较为封闭。可见，科层制对危机状态下的信息共享

① 潘祥辉.官僚科层制与秦汉帝国的政治传播［J］.社会科学论坛，2010(21)：148-157.

② 胡峰，沈瑾秋，杨洋洋.克服认知偏见：应急情报结构化分析的应用图景探微［J］.情报理论与实践，2023，46(8)：10-20.

③ 吴克昌，唐煜金.边界重塑：数字赋能政府部门协同的内在机理［J］.电子政务，2023(2)：59-71.

④ 魏娜.官僚制的精神与转型时期我国组织模式的塑造［J］.中国人民大学学报，2002(1)：87-92.

⑤ 何哲.官僚体制的悖论、机制及应对［J］.公共管理与政策评论，2021，10(4)：113-126.

⑥ 毕瑟姆·D.官僚制［M］.韩志明，张毅，译.长春：吉林人民出版社，2005：8-9.

⑦ 张康之.走向合作的社会［M］.北京：中国人民大学出版社，2012：44.

影响较大，即使是非常态下的组织形态发生了应时改变，但仅减少信息传递链条显然不足以降低科层组织边界的负面影响。

三、应急组织间信息共享分析方法

复杂网络是开展社会复杂系统研究的重要理论工具，其应用范围涉及传染病预防、舆情治理、物联网、危机管理等多个领域。运用复杂网络刻画多元主体参与下的信息共享过程，是一个很好的表征方式，可以呈现出信息共享过程中的成员关系和时间关系，直观展示信息共享过程中的复杂性和层次性。[①]从复杂网络视角出发，多元主体参与的信息共享可以被视为一个由点和线构成的网络图，其中节点代表不同信息共享主体，连边代表不同主体间的信息传递过程。结合网络图的思想，本书这部分研究提出了"网络结构特征－网络演化规律"的分析框架，对研究案例进行处理和分析，具体分析思路如图6-1所示。

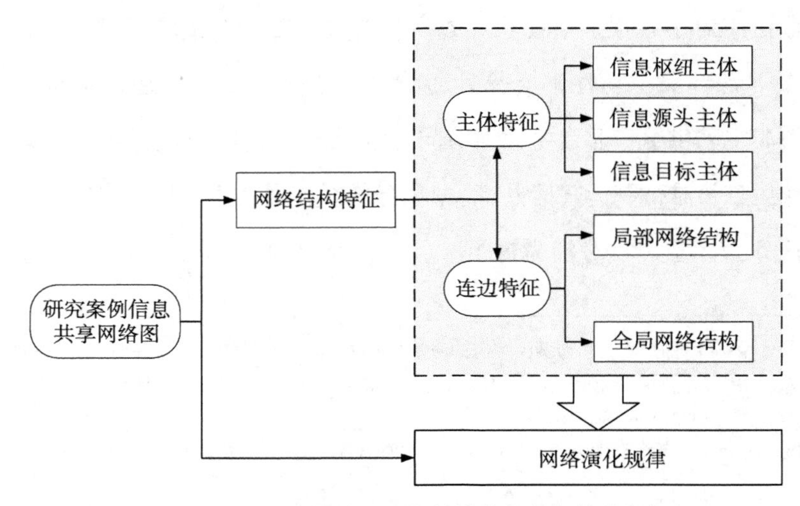

图6-1　"网络结构特征－网络演化规律"的分析框架

① 顾永东.基于复杂网络的突发事件信息传播模型研究［J］.科技管理研究，2015，35（2）：191-195.

对信息共享过程中的关键主体和网络结构进行分析能够从细节上呈现信息共享的主流特征。信息共享网络可以表征出各主体在信息共享过程中所处的位置，主体所处的位置不同，在信息共享中发挥的作用以及影响力的大小也就不同。[①]通常情况下，信息传播链条所涉及的信息源头、信息枢纽和信息目标决定了共享信息的基本走向，突出了不同主体在信息传播链条中的不同作用。此外，网络中个体的位置还与其局部和全局的网络拓扑结构有关。根据复杂网络理论，网络拓扑较为典型的结构有星型结构和集群结构，星型结构体现出中心主体对相邻主体的强把控力和高统筹力，集群结构表示各主体之间信息传递的连通程度（三角形结构）。[②③]此外，在全局网络结构评估上，作者选择了平均路径长度和网络直径两个指标，平均路径长度体现了网络布局的全局性特点[④]，表示任意两个主体之间进行信息传递的最短路径；网络直径是对网络大小的直接评估，表示网络中最长的传播路径，这两个指标可以体现信息共享网络的综合传递效率。

对信息共享的演化过程进行分析能够呈现出不同主体应对危机时的变化和应时特征。信息共享是一个过程，任意两个主体之间的信息传递都具有时间标签。对带有时间序列的信息共享网络开展分析，能够发现不同时间阶段信息共享的共性和差异性特征，包括网络结构的变化和传递信息类型的变化。信息类型的变化源于灾情的变化，网络结构的变化是各主体为

---

① 朱晓霞，刘萌萌，赵雪.复杂网络中的信息传播机制研究［J］.情报科学，2017，35（5）：42–45.

② Chen D，Lü L，Shang M S，et al.Identifying influential nodes in complex networks［J］.Physica a：Statistical mechanics and its applications，2012，391（4）：1777–1787.

③ Yin H，Benson A R，Leskovec J，et al.Local higher–order graph clustering［C］//Proceedings of the 23rd ACM SIGKDD international conference on knowledge discovery and data mining.2017：555–564.

④ Fronczak A，Fronczak P，Hołyst J A.Average path length in random networks［J］.Physical Review E，2004，70（5）：056110.

适应灾情环境变化以及信息变化的刺激而产生的适应性行为，适应性造就复杂性，[①]网络结构的变化又进一步促使信息共享格局发生改变，从而影响信息共享效率。观察信息共享演化过程直观体现了信息效率随时间的变化情况。综上，基于复杂网络理论，可以从信息共享网络的结构特征和演化规律两个方面形成信息共享效能的评估架构。

---

① 约翰·H.霍兰.隐秩序［M］.周晓牧，陈禹译.上海：上海科技教育出版社，2022：10.

第七章

“9 · 5”泸定地震中应急组织间信息共享过程分析

通过针对“9 · 5”泸定地震开展全面调研，在分析泸定地震26份值班信息、总结报告等文件基础上，梳理出泸定地震应急处置过程中不同主体间的信息共享过程（见图7–1）。按照行政级别划分参与主体，由上到下可以分为国家层面、省层面、州层面、县层面、现场/村/乡镇层面，共包含88个参与主体，238条有向传播链。节点越大表明节点的加权度越大，与该节点发生信息共享的次数越多；边越粗表明边的权重越大，边两端的节点会重复多次发生信息共享。总之，一个节点所连接边的权重越大或所连接的其他节点越多，该节点的加权度就越大。

如前文分析，应急组织间的信息共享过程受应急机制启动与否的影响大致可以分为两个阶段，第一个阶段科层组织的影响显著，第二阶段为了增加响应效率会在科层组织基础上优化共享机制和结构。但地震灾害所呈现出的信息共享特征并不完全一样，地震灾害的信息共享在最初期的时候就已经打破了科层组织的限制，如图7–2所示，不存在自现场到属地以及属地又到上级组织的传播过程，只有甘孜州应急管理局向州政府办、州委办公室、省指挥中心的报告过程。这与地震灾害的灾害特点和预警方式有关，地震灾害发生后灾区短期内的通信可能受损，导致外界无法第一时间知道灾区的基本情况，但地震台网中心可以检测到某地已经发生了地震，并快速预警属地政府，因此属地政

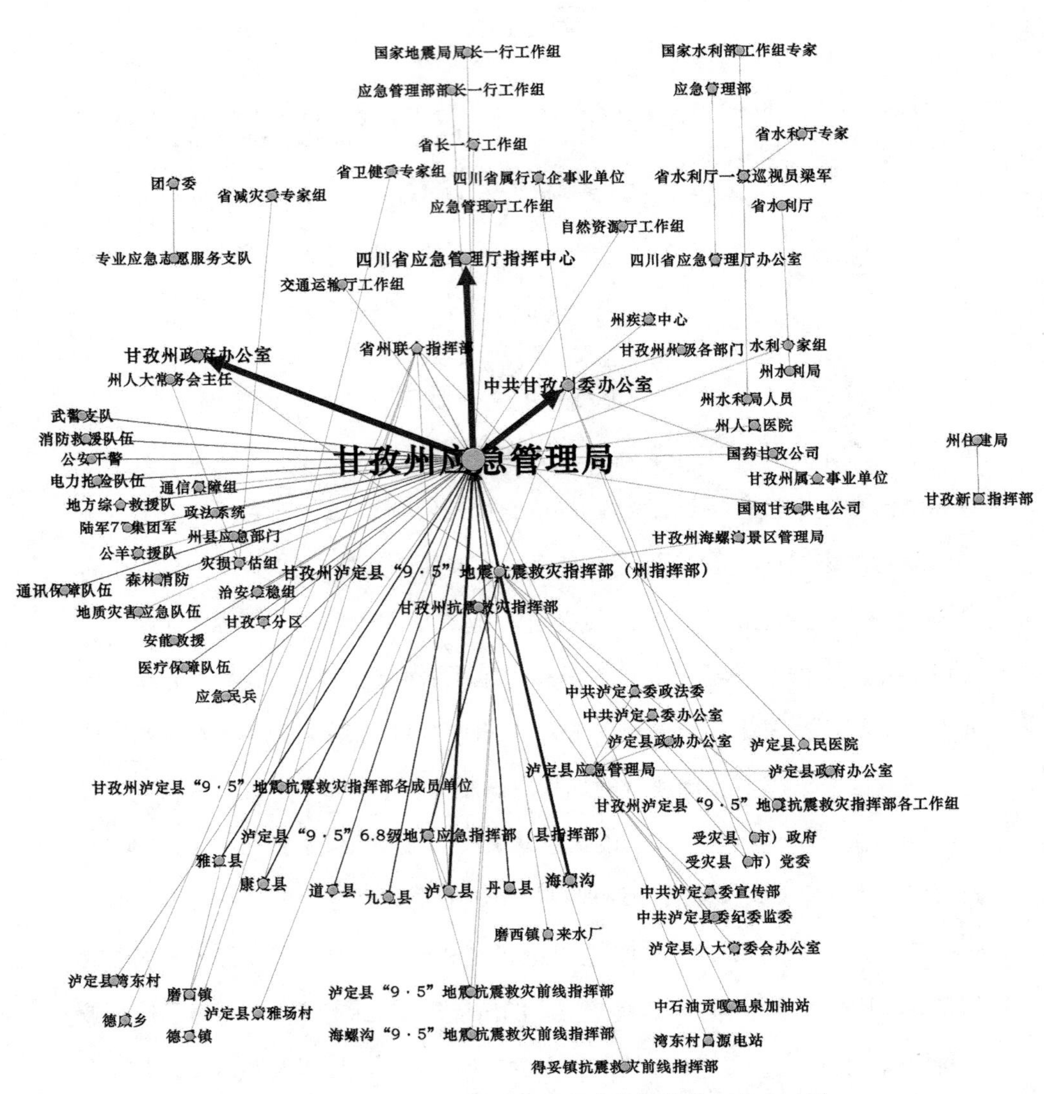
国家地震局局长一行工作组
国家水利部工作组专家
应急管理部部长一行工作组
应急管理部
省水利厅专家
省长一行工作组
省卫健委专家组
四川省属行政企事业单位
省水利厅一级巡视员梁军
团省委
省减灾委专家组
应急管理厅工作组
省水利厅
自然资源厅工作组
专业应急志愿服务支队
四川省应急管理厅指挥中心
四川省应急管理厅办公室
交通运输厅工作组
州疾控中心
甘孜州政府办公室
省州联合指挥部
甘孜州州级各部门
水利专家组
州人大常务会主任
州水利局
中共甘孜州委办公室
州水利局人员
武警支队
州人民医院
消防救援队伍
州住建局
国药甘孜公司
公安干警
甘孜州应急管理局
甘孜州属企事业单位
电力抢险队伍
通信保障组
甘孜新区指挥部
地方综合救援队
国网甘孜供电公司
政法系统
陆军77集团军
州县应急部门
甘孜州海螺沟景区管理局
公羊救援队
灾损评估组
甘孜州泸定县“9·5”地震抗震救灾指挥部（州指挥部）
通讯保障队伍
森林消防
治安维稳组
甘孜州抗震救灾指挥部
地质灾害应急队伍
甘孜军分区
安能救援
医疗保障队伍
应急民兵
中共泸定县委政法委
中共泸定县委办公室
泸定县政办办公室
泸定县人民医院
泸定县应急管理局
泸定县政府办公室
甘孜州泸定县“9·5”地震抗震救灾指挥部各成员单位
甘孜州泸定县“9·5”地震抗震救灾指挥部各工作组
泸定县“9·5”6.8级地震应急指挥部（县指挥部）
受灾县（市）政府
受灾县（市）党委
雅江县
康定县
道孚县
九龙县
泸定县
丹巴县
海螺沟
中共泸定县委宣传部
中共泸定县委纪委监委
磨西镇自来水厂
泸定县人大常委会办公室
泸定县湾东村
磨西镇
泸定县“9·5”地震抗震救灾前线指挥部
中石油贡嘎温泉加油站
德威乡
泸定县共雅场村
德妥镇
海螺沟“9·5”地震抗震救灾前线指挥部
湾东村电源电站
得妥镇抗震救灾前线指挥部

图 7-1　“9·5”泸定地震各参与主体间的信息共享过程

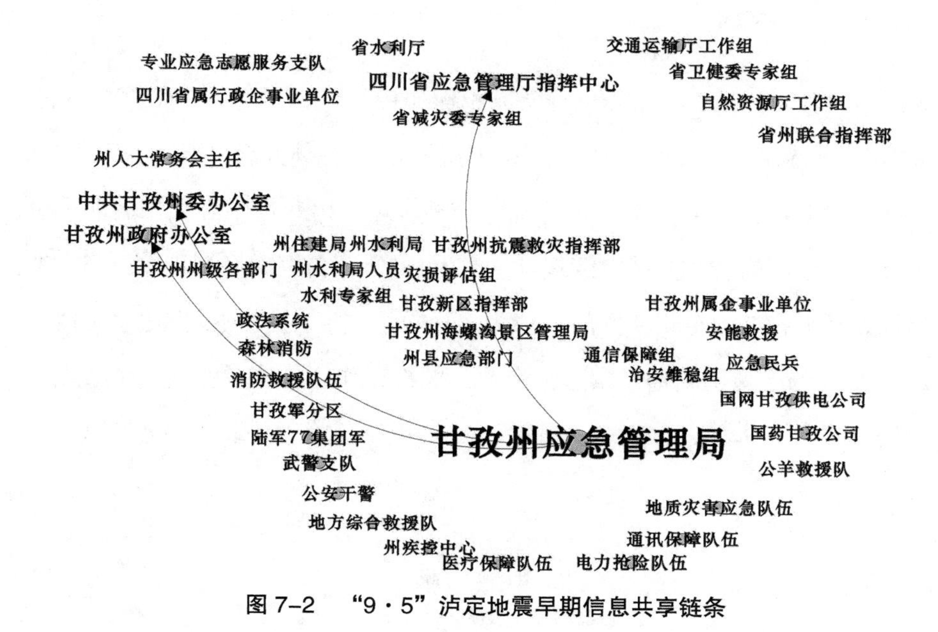

图 7-2 “9·5”泸定地震早期信息共享链条

府能够第一时间得到消息，并快速向上级报告。在其他灾害类型的初期信息共享中，没有地震台网中心这样统一、权威、公开、不受组织边界影响的预警共享渠道，大部分的灾情信息仍旧需要通过现场人员或组织自下而上报告。

一、信息共享网络结构分析

（一）主体特征

1.枢纽主体

枢纽主体通常被认为是连接两种或多种不同群体或组织的主体。单纯从网络结构上讲，介数中心性可用来衡量节点在网络中的枢纽作用，某节点的介数中心性是指网络中其他节点对以最短路径经过该节点的路径次数，这意味着该节点是更多节点对相互沟通的“必经之路”，因此其枢纽作用很强。除此之外，能与多个节点之间具有信息共享过程的节点也可被认为是枢纽节点，因为大量其他节点的信息会在该节点的位置进行融合、共享和交换，这类节点的不带边权重的度中心性较大。另外，考虑到不同参与主体受条块限制具有不同的行政层级和组织边界，那么，如果某节点承担了跨层级和跨组织边界的信息共享，那么该节点同样具有枢纽作用。因此，可围绕介数中心性、度中心性、跨层级或跨组织边界的枢纽作用对枢纽主体开展分析。

通过对该信息共享网络进行统计分析，可得出介数中心性排名前三位的节点，依次为甘孜州应急管理局（值为589）、甘孜州泸定县“9·5”地震抗震救灾指挥部（州指挥部）（值为229.19）、中共甘孜州委办公室（值为217.81）。为了更清晰地观察这三个节点的枢纽作用，作者将这三个节点的边结构进行了提取，如图7–3所示，甘孜州应急管理局相连节点有46个，

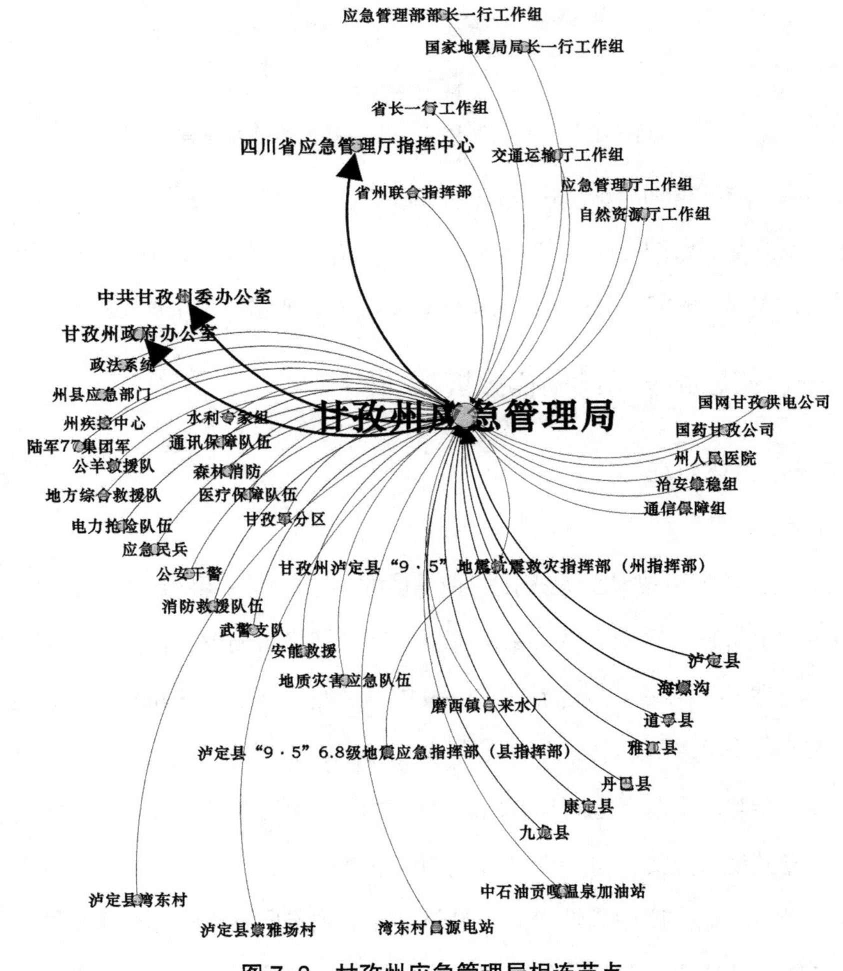

图7–3　甘孜州应急管理局相连节点

占所有参与主体的52.27%，是整个信息共享网络中度最大的节点，这意味着半数多的主体与甘孜州应急管理局具有直接相连关系，它们之间已经构成最短路径。并且，甘孜州应急管理局节点的加权度为188，这意味着甘孜州应急管理局在响应过程中至少与46个主体产生过沟通，且平均每个主体至少沟通4次。此外，甘孜州应急管理局相连的节点，跨越国家层面、省级层面、县级层面和现场/村/乡镇层面多个层级，在横向上涉及水利、医疗、公安、武警军队、通信电力、消防、政法、企业、州政府办和州委办等多个条块，显然该节点从介数中心性、度中心性、和跨界信息共享上都具有显著的枢纽作用，这也意味着甘孜州应急管理局在此次地震灾害中发挥着信息汇总、传递、管理的功能。

如图7–4、图7–5所示，甘孜州泸定县“9 · 5”地震抗震救灾指挥部（州指挥部）和中共甘孜州委办公室的度并没有甘孜州应急管理局的大，分别为11和7。如果从整个信息共享网络上看，泸定县应急管理局节点的度比州委办大，但州指挥部和州委办有很高的介数中心性，原因是与它们所连的大部分节点是甘孜州应急管理局及其相连节点无法直接相连的。例如，州指

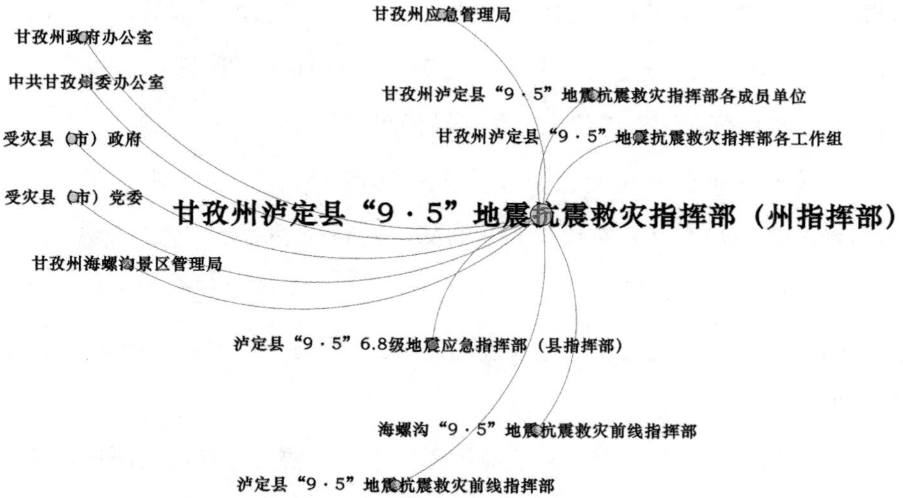

甘孜州应急管理局
甘孜州政府办公室
中共甘孜州委办公室
甘孜州泸定县“9 · 5”地震抗震救灾指挥部各成员单位
甘孜州泸定县“9 · 5”地震抗震救灾指挥部各工作组
受灾县（市）政府
受灾县（市）党委
甘孜州泸定县“9 · 5”地震抗震救灾指挥部（州指挥部）
甘孜州海螺沟景区管理局
泸定县“9 · 5”6.8级地震应急指挥部（县指挥部）
海螺沟“9 · 5”地震抗震救灾前线指挥部
泸定县“9 · 5”地震抗震救灾前线指挥部

图7–4 甘孜州泸定县“9 · 5”地震抗震救灾指挥部（州指挥部）相连节点

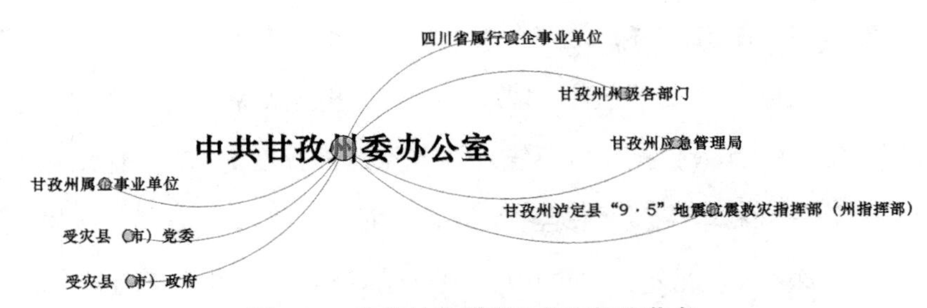

图 7-5 中共甘孜州委办公室相连节点

挥部的相连节点包括受灾县（市）政府、受灾县（市）党委、甘孜州应急管理局、前线指挥部等，甘孜州应急管理局节点的46个相连节点大部分要与州指挥部和州委办相连节点产生沟通，州指挥部和州委办位于必经路径上，因此两者的介数中心性较高。

实际上，州指挥部通常会设在州应急管理局，两者实际是同一个主体，那为何会从文本中挖掘出两个不同的主体？根本原因在于大部分的应急响应组织、队伍和部门混淆了应急管理局和应急指挥部的职能，大部分的机构并不清楚指挥部的内部运作机制，仅知道应急管理局作为综合协调职能部门具有信息汇总和管理功能，因此从信息文本上可以看出以应急管理局名义形成的信息文本要比指挥部还多。可见应急指挥部的运作机制仍需要完善和优化，应急管理局并不能替代指挥部发挥信息共享和管理功能，应急指挥部在这方面的标准化建设仍需加强。

如果州指挥部和州应急管理局这两个节点合为一个主体，那么考虑到州指挥部和州委办具有比较多的共邻，则新合成的州应急管理局/州指挥部也同样与州委办具有较多的共邻，州委办将不再是更多节点最短路径的必经节点，新合成的州应急管理局/州指挥部的介数中心性会变得更大，且是唯一的。

这种强枢纽的节点在应急响应过程中十分重要，正如前文所述这类节点发挥着高统筹力和协调力，可以从统一的角度把控全局，只要枢纽节点被激活，整个网络的机制都能快速运转起来。但这种结构具有高鲁棒性的同时也具有高脆弱性，也就是说，摧毁整个信息共享机制最简单的方法就是摧毁枢纽节点，使其发挥不了作用。

2.源头主体和目标主体

从图7–2中可知，信息共享初期的信息源头主体为州应急管理局，并且州应急管理局需要向州委办公室、州政府办公室、省指挥中心报告；结合图7–3可知，州应急管理局向这三家机构报告，26次权重最大，即在应急响应全过程中共向上报告26次，并且在信息共享后期，州应急管理局与三家机构之间也发生了信息共享。由此可知，州委办公室、州政府办公室、省指挥中心为信息的目标主体，应急响应过程中的信息会持续报送至这三家机构。从报送情况来看，州应急管理局同频次向这三家机构报送信息，可见信息内容一致、频次一致，只是目标主体不同，这种依次一对多信息共享的过程容易消耗信息共享主体的精力，尤其在突发事件处置初期和高峰期时，人力、物力资源有限，一对多依次报容易增加信息共享主体的负担，当三家机构的报送要求不一致时或期望获取信息的重点不同时，可能会反复沟通，进而导致信息共享主体的信息报送成本增加。

州应急管理局虽然在信息共享初期为信息源头主体，但初期州应急管理局获取的信息来源于地震预警，在应急响应过程中州应急管理局获取的信息主要来源于与其相连的其他主体。如力量主体：应急民兵、消防救援队伍、武警支队、安能救援、电力抢险队伍、地质灾害应急队伍等；如企事业单位：国网甘孜供电公司、国药甘孜公司、州人民医院等；如受灾严重的县级人民政府：康定市、泸定县、雅江县、丹巴县等；如现场层面的机构和组织：湾东村、湾东村昌源电站等。州应急管理局除了从下级组织和横向组织获取信息外，还接收上级组织的指示，如省级层面和国家级层面下派的各工作组。可见，信息源头主体众多，但都来源于不同专项处置组织、部门，各组织部门聚焦不同的处置任务，最终汇总至州应急管理局，进行综合研判和综合指挥。

（二）连边特征

对网络连边特征的分析主要是指对网络点线所构成的局部和全局结构的分析，对局部结构的分析可以观察网络中重要节点的连边结构，也就是星型结构，正如前文所提及的，星型结构能够体现核心节点的一阶影响力。从星型结构再往外围扩展，可以观察网络中是否存在网络桥，即连接两个大的团体或星型结构的节点或边，这类节点或边的介数中心性通常会比较高，因其连接了两个大的团体而在信息共享网络中具有较为重要的地位。从局部网络结构扩展到全局网络上，网络直径、平均聚类系数、平均路径长度等指标可以很好地从全局角度对网络的密度、最远/最近距离、社区结构等进行评估和分析。

1.局部网络结构：星型结构和三角形结构

图7–6为围绕高度中心性节点对泸定地震信息共享网络的重新布局，从这个布局中，可以直观地看到网络中存在的星型结构。星型结构的大小可以依靠度中心性来判断，前文进行枢纽节点分析时已经发现，州应急管理局具有最大的度中心性，因此，在整个网络中，该节点具有最大的星型结构。其次，还可以观察到一些小的星型结构，如州指挥部、州委办公室、泸定县应急管理局、省州联合指挥部。这些具有星型结构的节点主要是指挥机构或综合协调机构，它们支撑起了整个信息共享网络。星型结构虽然因为“核心–边缘”结构具有很强的统筹管理效能，但是其边缘的节点之间极少存在连接关系，也就是说，在一个星型结构中存在的三角形结构较少，网络中的三角形结构可以通过节点的聚类系数来体现。通过计算每个节点的聚类系数，发现仅如表7–1所示的节点聚类系数大于0，即它们所处的连边结构存在三角形结构，三角形结构在其连边结构中占比越

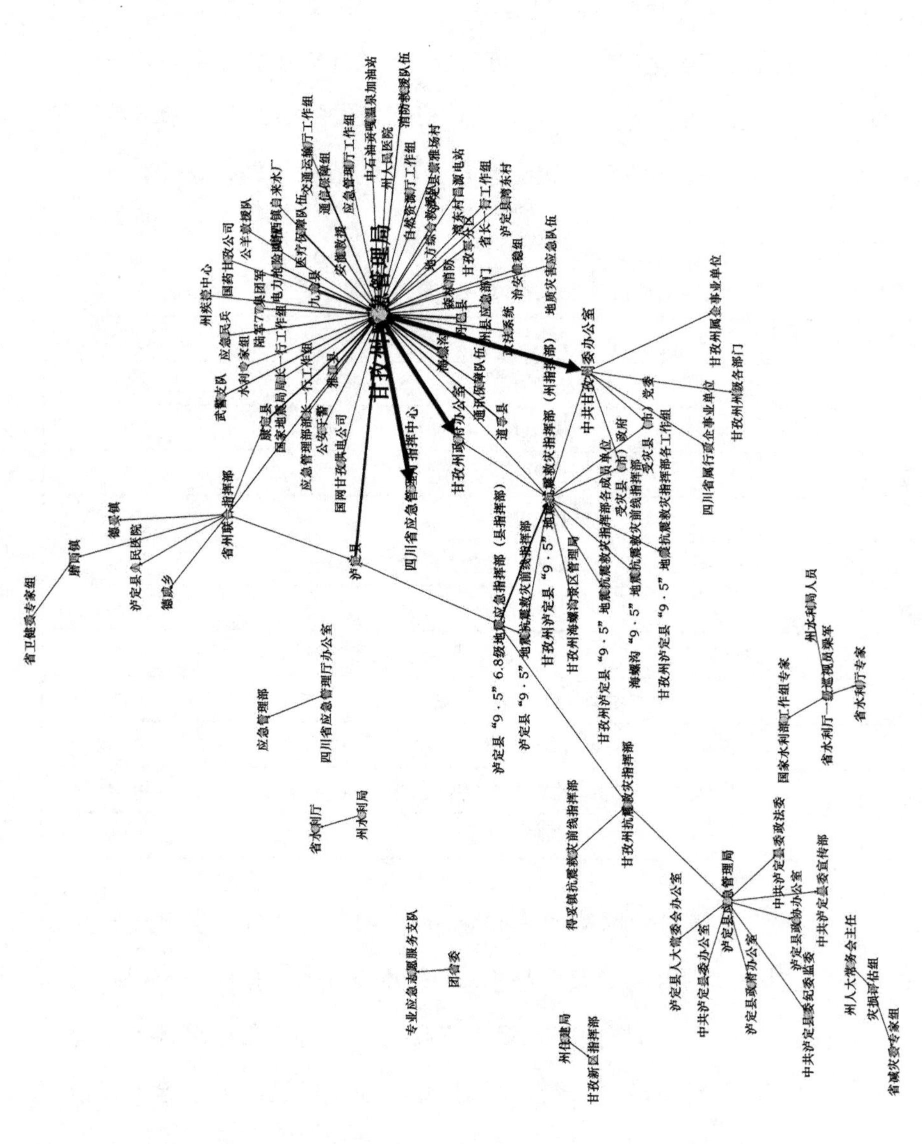

图 7-6 泸定地震信息共享网络星型结构布局

大，聚类系数越大。显然，州应急管理局聚类系数最小，说明其星型结构中虽具有三角形结构但非常少，只有康定市与省州联合指挥部以及甘孜州政府办公室与州指挥部之间存在三角形结构，且对于康定市和州政府办公室这两个节点而言它们有且仅有一个三角形连边结构。因此，两者的聚类系数最大，受灾县（市）党委等聚类系数为0.5的节点也是有且仅有一个三角形连边结构。

表 7-1 泸定地震信息共享网络中聚类系数大于 0 的节点

序号	节点标签	聚类系数
1	甘孜州政府办公室	0.5
2	康定市	0.5
3	受灾县（市）党委	0.5
4	受灾县（市）政府	0.5
5	泸定县“9・5”地震抗震救灾前线指挥部	0.5
6	泸定县	0.167
7	泸定县“9・5”6.8级地震应急指挥部（县指挥部）	0.083
8	中共甘孜州委办公室	0.071
9	省州联合指挥部	0.048
10	甘孜州泸定县“9・5”地震抗震救灾指挥部（州指挥部）	0.045
11	甘孜州应急管理局	0.002

三角形结构对于星型结构而言是十分重要的，例如甘孜州政府办公室的三角形结构是：州应急管理局→州政府办公室；州指挥部→州政府办公室；州应急管理局→州指挥部，因为州政府办具有三角形结构，因此它不只从州应急管理局和州指挥部获取了信息，还一定程度上检验了州指挥部从州应急管理局获取的信息以及它从州应急管理局获取的信息是否存在差别，这个差别并不单纯是指缺漏信息，更多是检验信息经过主体传递后附加认知的影响，附加的主观认知会使得信息的传递发生变化，三角形

结构就是如同加上了一道“保险”，降低了主观认知对信息内容变化的影响，这种间接性的信息分析也有利于州政府办公室进行信息推断和情报分析。换句话讲，三角形结构能够打破一对一信息传递的弊端。一对一的信息传递模式具有一定封闭性，信息仅在两个主体间发生共享，被屏蔽的任意第三方，无论是横向同层级主体还是纵向不同层级主体都无法获悉源头信息，只能获取到传递后的信息，那么信息内容可能会经过多主体间的传递发生失真和扭曲。而三角形结构中第三方主体的加入能够打破这种封闭环境，降低信息失真或扭曲的可能性。

另一个角度讲，同时受同一个统筹节点统筹管理的两个边缘节点之间也需要进行沟通以形成默契，提高应急处置的协同效率。但显然，边缘节点间信息沟通的匮乏会使得各边缘主体在执行不同任务时协同效能不足，那么就有可能在不知情的情况下产生任务耦合和冲突，当冲突发生再由统筹主体介入加以协调时，一定程度上产生了协调滞后的问题，会降低多主体间的应急处置效率。当然，图7-6所呈现的信息共享网络是各主体间的正式信息共享渠道，在实际处置过程中，为了增加多主体间的协同效率，通常各组织会通过非正式渠道进行信息共享和沟通，不过非正式渠道虽然能够提供很好的补充，但因其缺乏合理合法的支撑，就有可能存在“碰壁”“不畅”等问题，影响处置效率，这也从侧面上反映出正式信息共享渠道不足和机制尚不完善的问题。显然，越是统筹力强、星型结构大的主体越需要其边缘主体具有三角形结构，一方面可降低统筹协调压力，不是“事事皆参与”，明确统筹协调的支持作用，另一方面可激发边缘主体在实际任务实施过程中的创造力，强化各主体的应急处置能力，真正做到“专业的人做专业的事”。据此，才能将综合协调和专业处置科学分离。

2. 全局网络结构

从图7-6的网络结构中能够发现不同星型结构之间存在的“网络

桥”，如甘孜州应急管理局与州委办的连边等。另外，与前文所述，泸定县指挥部理论上会设在泸定县应急管理局，那么这两个点可以合并，甘孜州应急管理局和州指挥部也可以合并，据此，可以观察到县指挥部、县应急管理局与州指挥部、州应急管理局之间的边也同样发挥着桥梁作用。

观察全局网络还能够基于信息共享路径发现地震灾害的应急指挥架构，从现场到后方依次为得妥镇抗震救灾前线指挥部、甘孜州抗震救灾指挥部（该指挥部应为现场指挥部）、泸定县指挥部（县级后方指挥部）、州指挥部（理论上应与省州联合指挥部为同一指挥部，即州级后方指挥部）、四川省应急管理指挥中心（省级后方指挥部），基本形成了前后布局的指挥体系格局，灾情和处置信息也是通过这个指挥体系层级逐级实现信息传递和上报的，最后由四川省应急管理厅办公室（四川省应急指挥中心设在四川省应急管理厅，因此，省指挥中心与应急管理厅之间理论上存在信息共享）报告至应急管理部。

整体观察网络的结构性指标，该网络的平均聚类系数仅为0.033，这与前文讨论的结论一致，即网络中缺乏三角形结构，统筹性很强但协同力不足。该网络的平均路径长度为3.09，也就是说任意两个节点之间如果想要实现信息共享都至少要经过3条传播链，这显然增加了传播成本，降低了传播效率。此外，该网络在有向情况下网络直径为3，在无向情况下网络直径可达7，但如果按照前文所述，应急管理局和响应级别指挥部可合并的话，网络的直径在无向情况下可为5，即得妥镇抗震救灾指挥部—甘孜州抗震救灾指挥部—县指挥部/县应急管理局—州指挥部/州应急管理局/省州联合指挥部—磨西镇—省卫生健康委专家组。网络直径的大小决定了信息共享过程中的最大传播链的长度，显然即使存在州应急管理局这样的高统筹性节点，信息共享过程中依然不可避免地存在层级，其中最典型的层级就来源于指挥体系。显然层级传播对于应急处置而言既具有优势也具有劣势，优势在于职责分工明确，并且能与科层组织的体系相适应，劣势在于为层级传播而造成的信息共享效率降低、信息失真以及资源成本提升。如果想要打破层级，未来，或许有可能会构建一个如同“地震台网中心”一样的统一的信息共享平台，实现一键式“一对多”信息共享，甚至实现基于信息集成和权限管理的多终端可视，真正做到集众智的情报分析和信息共享。

二、信息共享网络演化分析

信息共享是一个动态过程，对信息共享网络的演化分析旨在分析信息共享随时间变化时所具有的特征，以及前后时间标签里信息共享的差异性对比。我们期望通过对信息共享网络的演化分析找到地震灾害应对过程中应急组织间的信息共享逻辑、优先项以及偏好，并尽可能地从中发现可优化的角度。

为了尽可能呈现出信息共享在不同时间段的网络结构，依据信息共享网络结构是否发生明显变化以及每天的信息共享情况选取了12个时间段（见图7–7至图7–18）。

（一）每个时间段的信息共享特征

1. 9月5日信息共享过程

图7–7呈现的是地震发生后13:07~22:30的信息共享过程。这个过程实际上已经包含了一次信息初报和五次信息续报，主要信息内容围绕地震预警、力量出动以及事态评估三个方面。从信息共享布局来看，主要是甘孜州应急管理局从各个方面获取的信息，随后报送到州委办、州政府办和省应急指挥中心，这三家单位是州应急管理局的信息报送上级组织。当天参与救援的力量，如森林消防、消防救援队伍、地方综合救援队、公安干

国家水利部工作组专家 应急管理部应急管理部部长一行工作组
国家地震局局长一行工作组

省水利厅专家
四川省应急管理厅办公室
团省委
省长一行工作组
省水利厅一级巡视员梁军
应急管理厅工作组
交通运输厅工作组
省水利厅
专业应急志愿服务支队
省卫健委专家组
四川省应急管理厅指挥中心
四川省属行政企事业单位
自然资源厅工作组
省减灾委专家组
省州联合指挥部

州人大常务会主任
中共甘孜州委办公室
甘孜州政府办公室
州住建局州水利局 甘孜州抗震救灾指挥部
甘孜州州级各部门 州水利局人员 灾损评估组
水利专家组
甘孜新区指挥部
甘孜州属企事业单位
政法系统
安能救援
甘孜州海螺沟景区管理局
森林消防
通信保障组
州县应急部门
应急民兵
治安维稳组
消防救援队伍
国网甘孜供电公司
甘孜军分区
国药甘孜公司
陆军77集团军
甘孜州应急管理局
武警支队
公羊救援队
公安干警
地质灾害应急队伍
地方综合救援队
通讯保障队伍
州疾控中心
医疗保障队伍 电力抢险队伍
州人民医院

泸定县人大常委会办公室
中共泸定县委办公室
泸定县政府办公室
甘孜州泸定县“9·5”地震抗震救灾指挥部（州指挥部）
泸定县政协办公室
甘孜州泸定县“9·5”地震抗震救灾指挥部各工作组
中共泸定县委纪委监委
泸定县“9·5”6.8级地震应急指挥部（县指挥部）
甘孜州泸定县“9·5”地震抗震救灾指挥部各成员单位
受灾县（市）党委
泸定县应急管理局
受灾县（市）政府
中共泸定县委政法委
九龙县
中共泸定县委宣传部
道孚县
泸定县
泸定县人民医院
丹巴县 海螺沟 康定县 雅江县
磨西镇自来水厂

得妥镇抗震救灾前线指挥部
磨西镇
泸定县“9·5”地震抗震救灾前线指挥部 德威乡
海螺沟“9·5”地震抗震救灾前线指挥部
德妥镇
湾东村昌源电站
泸定县湾东村
泸定县紫雅场村
中石油贡嘎温泉加油站

图 7–7 9月5日13：07~22：30

警、应急民兵、安能救援等，也可以从信息共享过程中看出。此外，还包含具有不同专业处置功能的力量，如通信保障队伍、电力抢险队伍、医疗保障队伍，甚至于政法系统队伍。并且地震初期就已经出现了军地协同现象，陆军77集团军、武警支队、甘孜军分区均与州应急管理局建立了联系。

图7-8呈现了9月5日22:30~24:00这一个半小时内的信息共享情况。这个过程的信息共享内容主要包括对人员伤亡情况的统计和报告，以及对现场基本情况的评估和了解，同时各级领导赶赴现场开展指挥协调和物资调配。从信息共享网络中可以看出，这个时间段，州应急管理局尽可能从受灾较为严重的县级政府获取现场基本情况信息，同时省州联合指挥部发挥作用，与磨西镇、德威乡、得妥镇灾区进行沟通，一方面了解伤亡情况，另一方面了解群众安置需求，及时通过物资调配对受灾群众提供生活保障。在这个时间段，国家级、省级层面各工作组也陆续与州应急管理局建立了联系，赶赴灾区，如国家地震局局长一行工作组、交通运输厅工作组、省卫生健康委专家组、自然资源厅工作组、应急管理厅工作组等。

综上，地震发生后11个小时之内，已经通过初报和多次续报进行了主要力量的调动、指挥与协调、现场情况评估、人员伤亡情况统计、物资调配和受灾群众生活保障等工作，省级主要领导和各专业处置工作组也赶赴现场开展应急处置工作。当天的信息共享覆盖国家级、省级、州级、县级和现场级。此外，根据前文对泸定地震新闻发布情况的总结和分析，9月5日共对外发布信息2次：当天18:17由甘孜州人民政府新闻办公室举行新闻发布会，通报地震灾情基本情况；随后，省州联合指挥部22:30以后开始发挥作用，并于23:00在磨西镇召开新闻发布会，对外公布了此次灾情更详细和具体的情况。

国家水利部工作组专家
应急管理部应急管理部部长一行工作组
国家地震局局长一行工作组
省水利厅专家
四川省应急管理厅办公室
团省委
省长一行工作组
省水利厅一级巡视员梁军
应急管理厅工作组
交通运输厅工作组
省水利厅
专业应急志愿服务支队
省卫健委专家组
四川省应急管理厅指挥中心
四川省属行政企事业单位
自然资源厅工作组
省减灾委专家组
省州联合指挥部
州人大常务会主任
中共甘孜州委办公室
甘孜州政府办公室
州住建局州水利局
甘孜州抗震救灾指挥部
甘孜州州级各部门
州水利局人员
灾损评估组
水利专家组
甘孜新区指挥部
甘孜州属企事业单位
政法系统
甘孜州海螺沟景区管理局
安能救援
森林消防
州县应急部门
通信保障组
应急民兵
治安维稳组
消防救援队伍
国网甘孜供电公司
甘孜军分区
国药甘孜公司
陆军77集团军
甘孜州应急管理局
武警支队
公羊救援队
公安干警
地质灾害应急队伍
地方综合救援队
通讯保障队伍
州疾控中心
医疗保障队伍
电力抢险队伍
州人民医院
泸定县人大常委会办公室
中共泸定县委办公室
泸定县政府办公室
甘孜州泸定县“9·5”地震抗震救灾指挥部（州指挥部）
泸定县政协办公室
甘孜州泸定县“9·5”地震抗震救灾指挥部各工作组
中共泸定县委纪委监委
泸定县“9·5”6.8级地震应急指挥部（县指挥部）
甘孜州泸定县“9·5”地震抗震救灾指挥部各成员单位
受灾县（市）党委
泸定县应急管理局
受灾县（市）政府
中共泸定县委政法委
九龙县
道孚县
泸定县
中共泸定县委宣传部
泸定县人民医院
丹巴县
海螺沟
康定县
雅江县
磨西镇自来水厂
得妥镇抗震救灾前线指挥部
磨西镇
泸定县“9·5”地震抗震救灾前线指挥部
德威乡
海螺沟“9·5”地震抗震救灾前线指挥部
德妥镇
湾东村昌源电站
泸定县湾东村
泸定县紫雅场村
中石油贡嘎温泉加油站

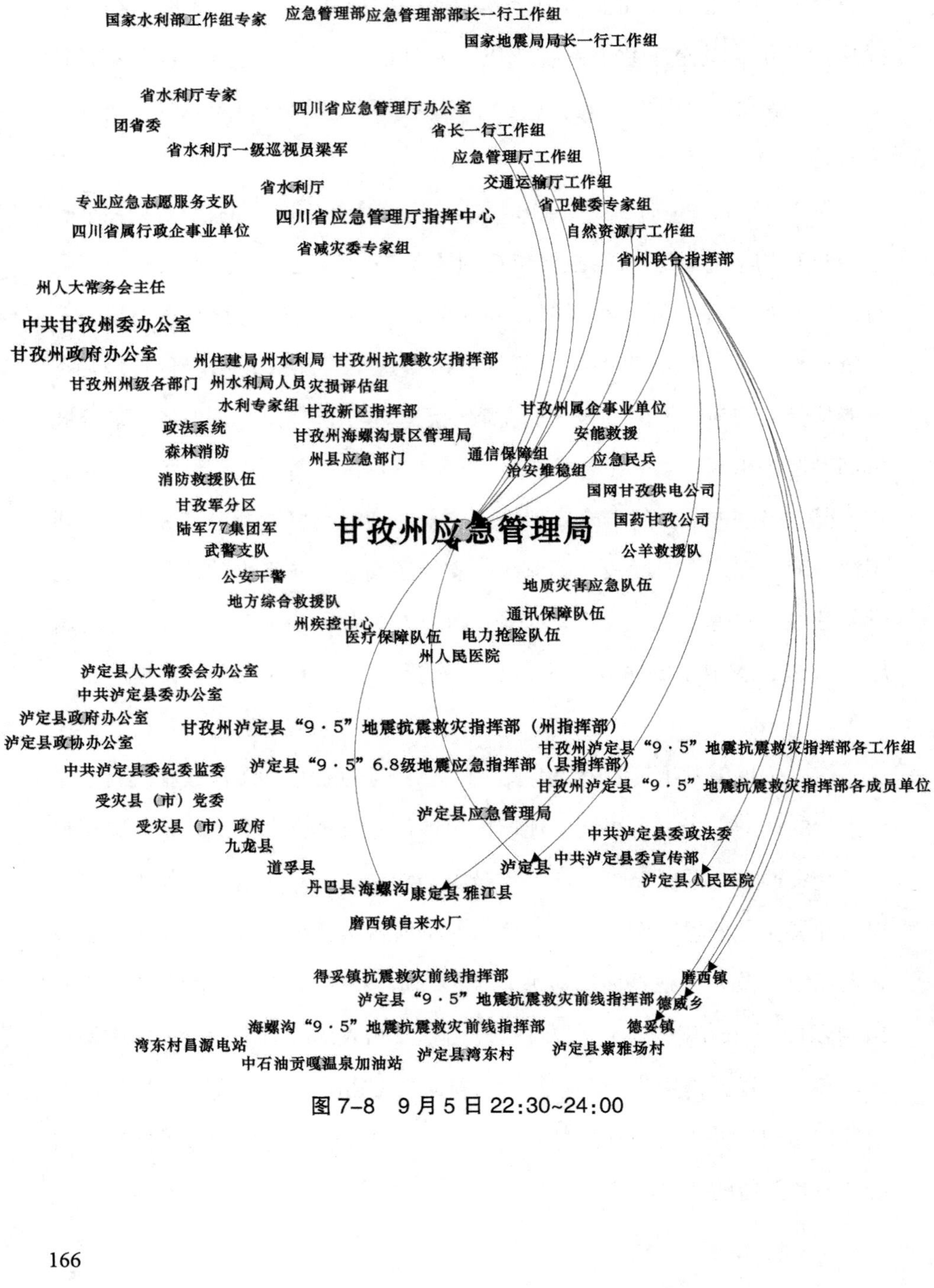

图 7-8　9 月 5 日 22:30~24:00

2. 9月6日信息共享过程

图7-9呈现了9月6日00:25~07:00的信息共享过程。首先甘孜州应急管理局先向三家上级组织进行了信息报送，包括力量调动情况、抢险处置情况、人员伤亡情况、群众安置情况、网络舆情和新闻发布情况等。在此次报送中涉及了堰塞湖险情，水利部门作为专业处置部门，立即派遣专家赶赴现场进行风险评估，因此，可以看到水利部工作组专家、省水利厅专家、省水利厅、州水利局等节点之间具有信息共享。除此之外，各力量单位持续向州应急管理局报送信息，除了9月5日提及的力量单位外，还新增了地质灾害应急队伍、公羊救援队等力量以及国网甘孜供电公司、国药甘孜公司等企事业单位，以及现场层面主体，向州应急管理局报送信息，如中石油贡嘎温泉加油站（磨西镇）报送库容汽油和柴油情况，让指挥部尽快了解现场可用物资。

图7-10呈现了9月6日8:27~15:00这个时间段的信息共享情况。除了各县级政府持续向州应急管理局报送救灾处置和灾损情况外，现场层面的主体，如泸定县紫雅场村、湾东村具体报送了各自区域内的人员转移情况。同时，省州联合指挥部也为人员转移提供了直升机和冲锋舟等装备的协调。

综上，从地震发生后第二天的共享信息能明显看出州应急管理局作为信息汇集节点的重要性，所有前方力量、处置单位都会将现场信息汇总到州应急管理局，后方指挥部对现场的支持也会协调到州应急管理局，再发挥相应的作用。第二天的处置工作比第一天的处置工作范围更广，除了力量调动、灾情评估、人员安置等任务外，还突出开展了堰塞湖等特殊险情、地质灾害等次生衍生灾害的监测与预防等工作。

3. 9月7—8日信息共享过程

图7-11呈现了9月7日6:00~21:00的信息共享情况。这个过程包含了从县级到州级再到省级的层级信息上报过程，与前面几次续报的路径一致，区别在于7日当天的报送内容不只涉及灾情和抢险处置，还包括善后

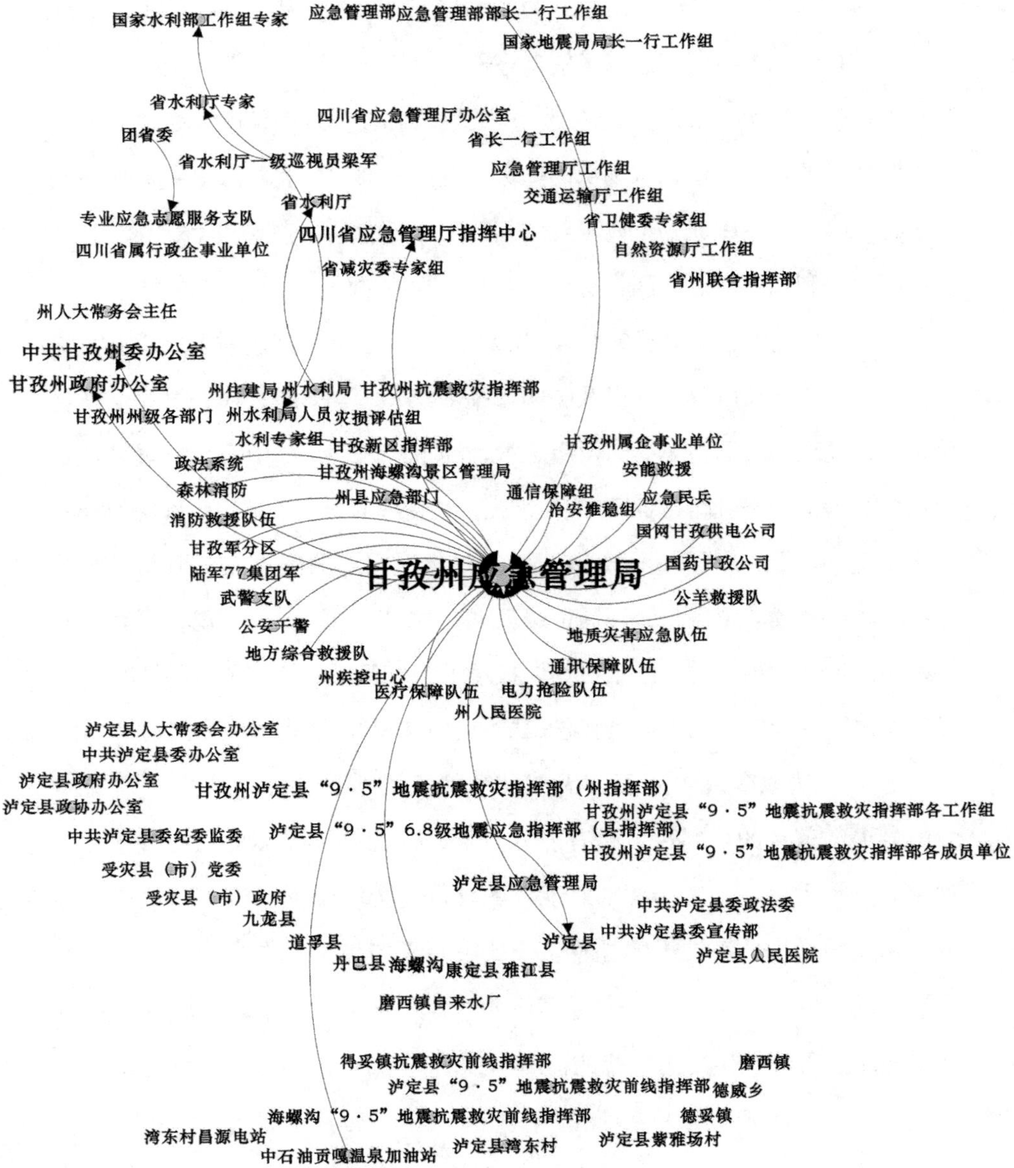

国家水利部工作组专家
应急管理部应急管理部部长一行工作组
国家地震局局长一行工作组
省水利厅专家
四川省应急管理厅办公室
团省委
省长一行工作组
省水利厅一级巡视员梁军
应急管理厅工作组
交通运输厅工作组
省水利厅
专业应急志愿服务支队
省卫健委专家组
四川省应急管理厅指挥中心
四川省属行政企事业单位
自然资源厅工作组
省减灾委专家组
省州联合指挥部
州人大常务会主任
中共甘孜州委办公室
甘孜州政府办公室
州住建局 州水利局 甘孜州抗震救灾指挥部
甘孜州州级各部门 州水利局人员 灾损评估组
水利专家组 甘孜新区指挥部
甘孜州属企事业单位
政法系统
甘孜州海螺沟景区管理局
安能救援
森林消防
州县应急部门
通信保障组
应急民兵
消防救援队伍
治安维稳组
国网甘孜供电公司
甘孜军分区
陆军77集团军
甘孜州应急管理局
国药甘孜公司
武警支队
公羊救援队
公安干警
地质灾害应急队伍
地方综合救援队
通讯保障队伍
州疾控中心
医疗保障队伍
电力抢险队伍
州人民医院
泸定县人大常委会办公室
中共泸定县委办公室
泸定县政府办公室
甘孜州泸定县“9·5”地震抗震救灾指挥部（州指挥部）
泸定县政协办公室
甘孜州泸定县“9·5”地震抗震救灾指挥部各工作组
中共泸定县委纪委监委
泸定县“9·5”6.8级地震应急指挥部（县指挥部）
甘孜州泸定县“9·5”地震抗震救灾指挥部各成员单位
受灾县（市）党委
泸定县应急管理局
受灾县（市）政府
中共泸定县委政法委
九龙县
中共泸定县委宣传部
道孚县
泸定县
泸定县人民医院
丹巴县 海螺沟 康定县 雅江县
磨西镇自来水厂
得妥镇抗震救灾前线指挥部
磨西镇
泸定县“9·5”地震抗震救灾前线指挥部
德威乡
海螺沟“9·5”地震抗震救灾前线指挥部
德妥镇
湾东村昌源电站
泸定县湾东村
泸定县紫雅场村
中石油贡嘎温泉加油站

图 7-9　9 月 6 日 00:25~07:00

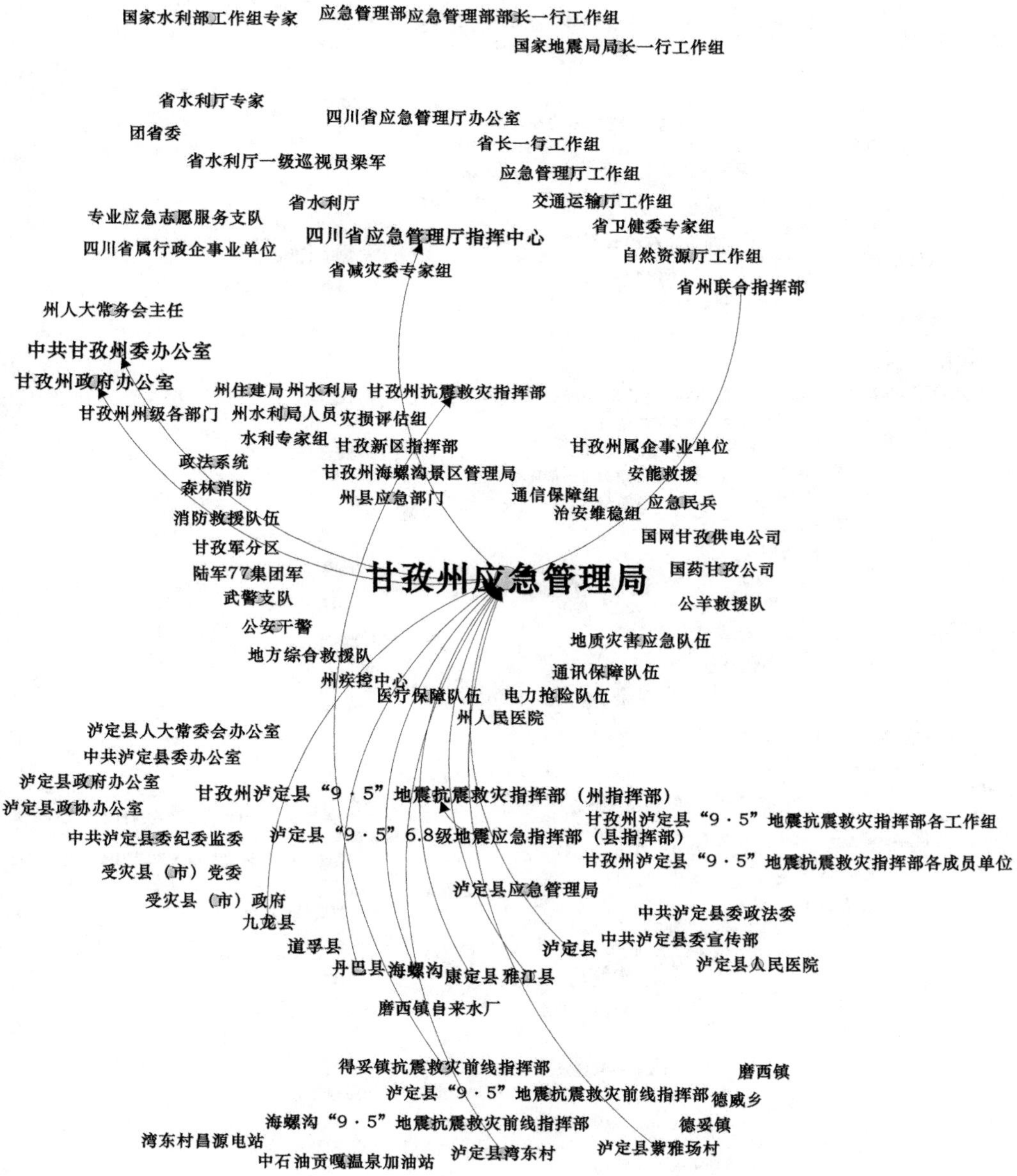

国家水利部工作组专家
应急管理部应急管理部部长一行工作组
国家地震局局长一行工作组
省水利厅专家
四川省应急管理厅办公室
团省委
省长一行工作组
省水利厅一级巡视员梁军
应急管理厅工作组
省水利厅
交通运输厅工作组
专业应急志愿服务支队
四川省应急管理厅指挥中心
省卫健委专家组
四川省属行政企事业单位
自然资源厅工作组
省减灾委专家组
省州联合指挥部
州人大常务会主任
中共甘孜州委办公室
甘孜州政府办公室
州住建局
州水利局
甘孜州抗震救灾指挥部
甘孜州州级各部门
州水利局人员
灾损评估组
水利专家组
甘孜新区指挥部
甘孜州属企事业单位
政法系统
甘孜州海螺沟景区管理局
安能救援
森林消防
州县应急部门
通信保障组
应急民兵
消防救援队伍
治安维稳组
国网甘孜供电公司
甘孜军分区
国药甘孜公司
陆军77集团军
甘孜州应急管理局
武警支队
公羊救援队
公安干警
地质灾害应急队伍
地方综合救援队
通讯保障队伍
州疾控中心
医疗保障队伍
电力抢险队伍
州人民医院
泸定县人大常委会办公室
中共泸定县委办公室
泸定县政府办公室
甘孜州泸定县“9·5”地震抗震救灾指挥部（州指挥部）
泸定县政协办公室
甘孜州泸定县“9·5”地震抗震救灾指挥部各工作组
中共泸定县委纪委监委
泸定县“9·5”6.8级地震应急指挥部（县指挥部）
甘孜州泸定县“9·5”地震抗震救灾指挥部各成员单位
受灾县（市）党委
泸定县应急管理局
受灾县（市）政府
中共泸定县委政法委
九龙县
道孚县
泸定县
中共泸定县委宣传部
泸定县人民医院
丹巴县
海螺沟
康定县
雅江县
磨西镇自来水厂
得妥镇抗震救灾前线指挥部
磨西镇
泸定县“9·5”地震抗震救灾前线指挥部
德威乡
海螺沟“9·5”地震抗震救灾前线指挥部
德妥镇
湾东村昌源电站
泸定县紫雅场村
中石油贡嘎温泉加油站
泸定县湾东村

图 7-10　9 月 6 日 08:27~15:00

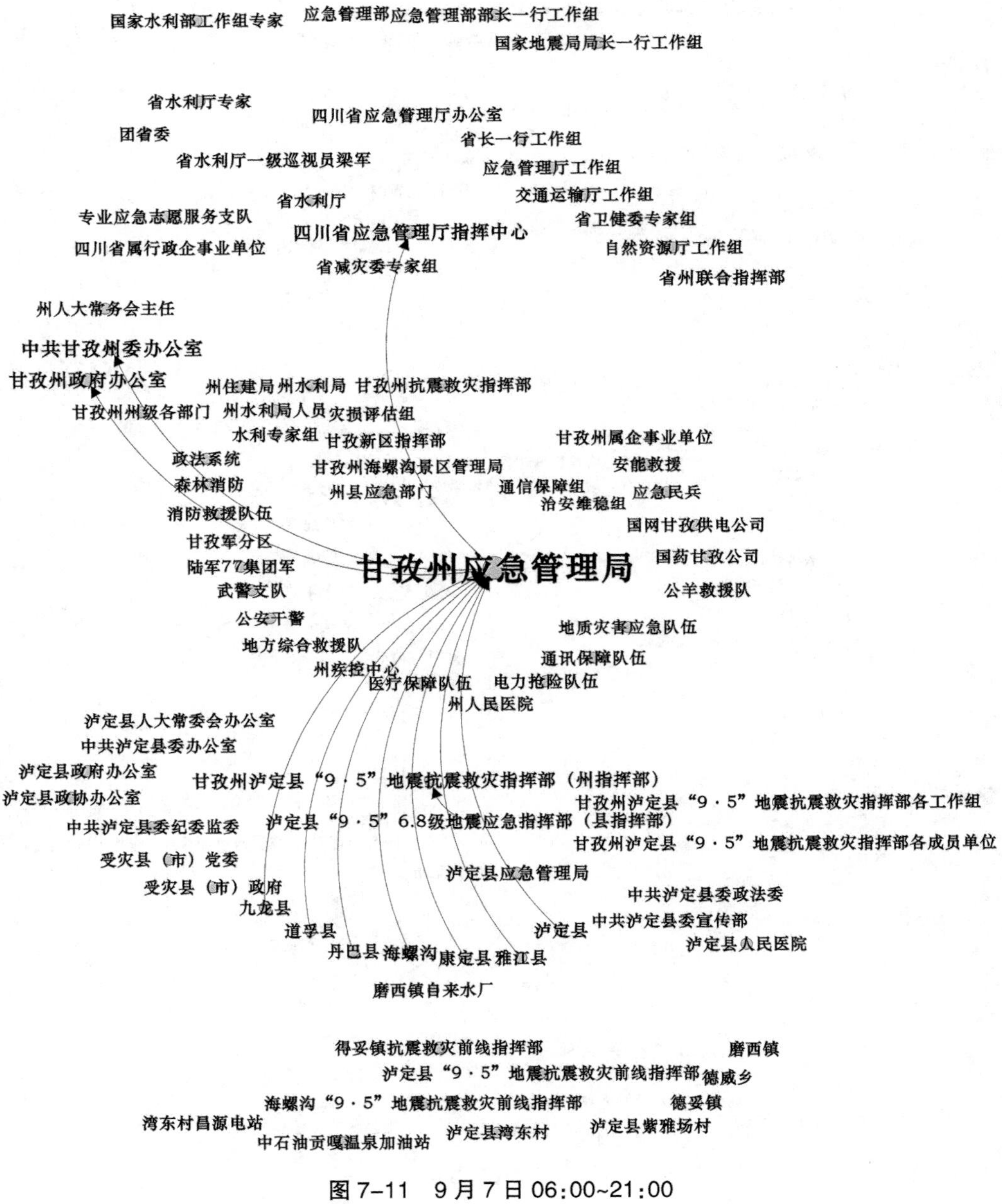

图 7-11　9 月 7 日 06:00~21:00

处置，如受灾群众心理抚慰、医疗保障、保险理赔、保险服务等。同时，还特别强调了对灾区的临时管制、新闻发布和舆情引导的情况，其中，截至7日，省级召开新闻发布会2场（9月6日、7日各1场）、州级1场（首次新闻通稿），发布新闻通稿7条，19家央媒和147家省级媒体介入相关报道，发布相关信息8.3万余条。可见，震后第三天灾区情况逐渐趋于稳定，应急处置的视角逐渐转移到对外信息发布、社会稳定和舆情引导上。

图7–12呈现了9月8日12:00~13:00的信息共享过程，仍旧是自下而上的信息报送。图7–13呈现了9月8日17:00的信息共享过程，重点强调了搜救安置、基础设施回复、次生灾害排查、舆论引导等工作。同时，在这个阶段，州委办和州政府办对抗震救灾指挥部进行了调整和充实，增加了多名副指挥长，充实了成员单位，如州民族宗教委、州农牧农村局、国网电信企事业单位等，并明确州指挥部下设泸定县和海螺沟两个前线指挥部和15个工作组，以及每个工作组的组长和成员，进一步完善了抗震救灾指挥体系，强化了指挥协调和现场管理水平。

4. 9月9—21日信息共享过程

自指挥体系进一步完善后，信息共享过程更加稳定。如图7–14所示，9月8日19:00~20:00和9月9日12:00~15:00泸定县指挥部向州指挥部报送了信息，州指挥部随后向上级组织报送了信息，信息内容主要涉及搜救情况、人员安置、善后处置、基础设施修复等。随后，如图7–15至7–18所示，9月10—12日、14—16日、18日、21日州应急管理局都向州委办、州政府办和省指挥中心报送了信息，报送时间大概在每天18:00以前，结合9月5—9日的信息共享情况，州应急管理局每天也都向上级组织报送了信息，但报送时间不定。另外，9月15日17:00终止响应，因此，9月15日的信息共享内容包含了地震以来所有应急处置工作的总结要点，9月16日、18日、21日仅对地震造成的人员伤亡情况进行了统计。

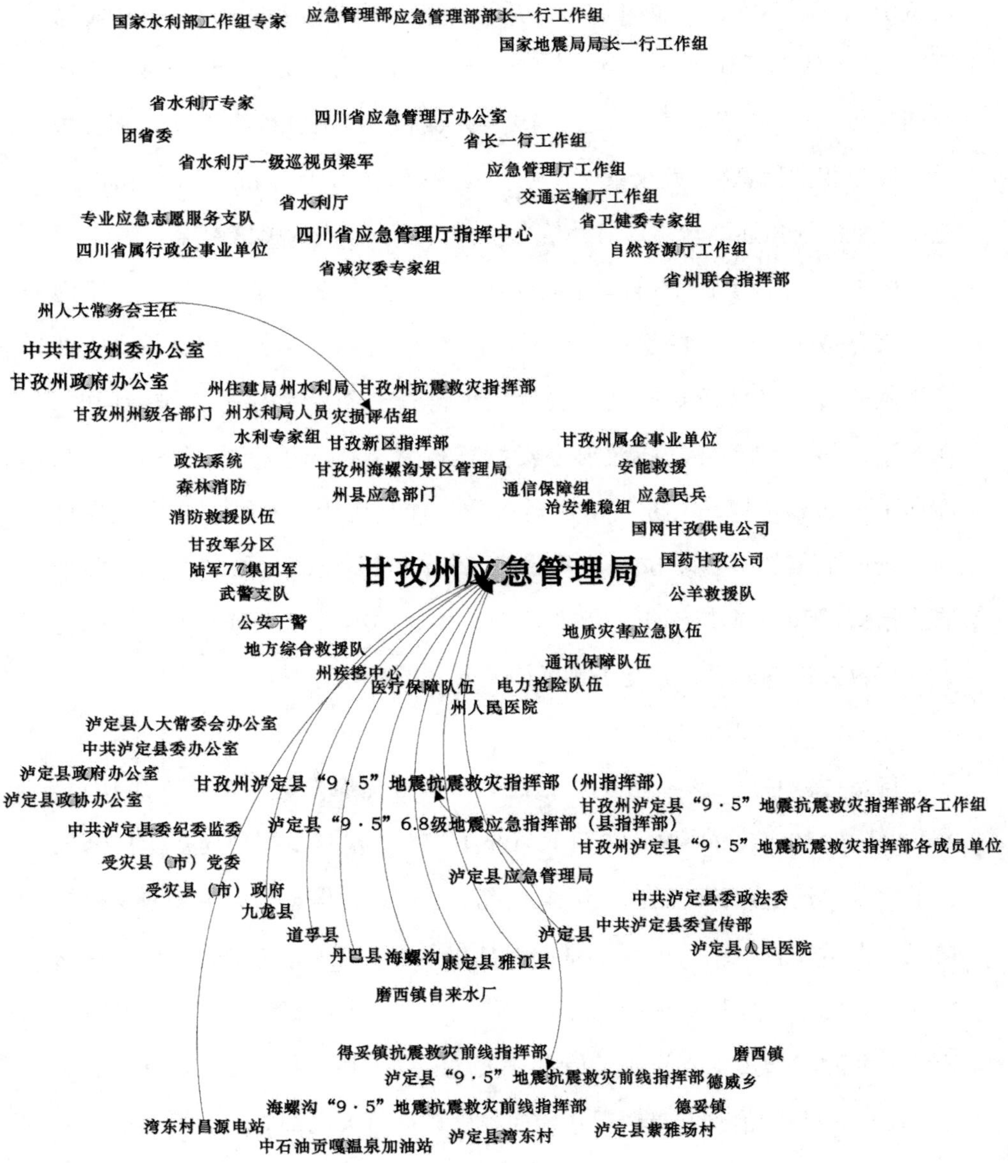

国家水利部工作组专家
应急管理部应急管理部部长一行工作组
国家地震局局长一行工作组
省水利厅专家
四川省应急管理厅办公室
团省委
省长一行工作组
省水利厅一级巡视员梁军
应急管理厅工作组
省水利厅
交通运输厅工作组
专业应急志愿服务支队
省卫健委专家组
四川省应急管理厅指挥中心
四川省属行政企事业单位
自然资源厅工作组
省减灾委专家组
省州联合指挥部
州人大常务会主任
中共甘孜州委办公室
甘孜州政府办公室
州住建局
州水利局
甘孜州抗震救灾指挥部
甘孜州州级各部门
州水利局人员
灾损评估组
水利专家组
甘孜新区指挥部
甘孜州属企事业单位
政法系统
甘孜州海螺沟景区管理局
安能救援
森林消防
州县应急部门
通信保障组
应急民兵
治安维稳组
消防救援队伍
国网甘孜供电公司
甘孜军分区
国药甘孜公司
陆军77集团军
甘孜州应急管理局
武警支队
公羊救援队
公安干警
地质灾害应急队伍
地方综合救援队
通讯保障队伍
州疾控中心
医疗保障队伍
电力抢险队伍
州人民医院
泸定县人大常委会办公室
中共泸定县委办公室
泸定县政府办公室
甘孜州泸定县“9·5”地震抗震救灾指挥部（州指挥部）
泸定县政协办公室
甘孜州泸定县“9·5”地震抗震救灾指挥部各工作组
中共泸定县委纪委监委
泸定县“9·5”6.8级地震应急指挥部（县指挥部）
甘孜州泸定县“9·5”地震抗震救灾指挥部各成员单位
受灾县（市）党委
泸定县应急管理局
受灾县（市）政府
中共泸定县委政法委
九龙县
中共泸定县委宣传部
道孚县
泸定县
泸定县人民医院
丹巴县
海螺沟
康定县
雅江县
磨西镇自来水厂
得妥镇抗震救灾前线指挥部
磨西镇
泸定县“9·5”地震抗震救灾前线指挥部
德威乡
海螺沟“9·5”地震抗震救灾前线指挥部
德妥镇
湾东村昌源电站
泸定县紫雅场村
泸定县湾东村
中石油贡嘎温泉加油站

图 7-12　9 月 8 日 12:00~13:00

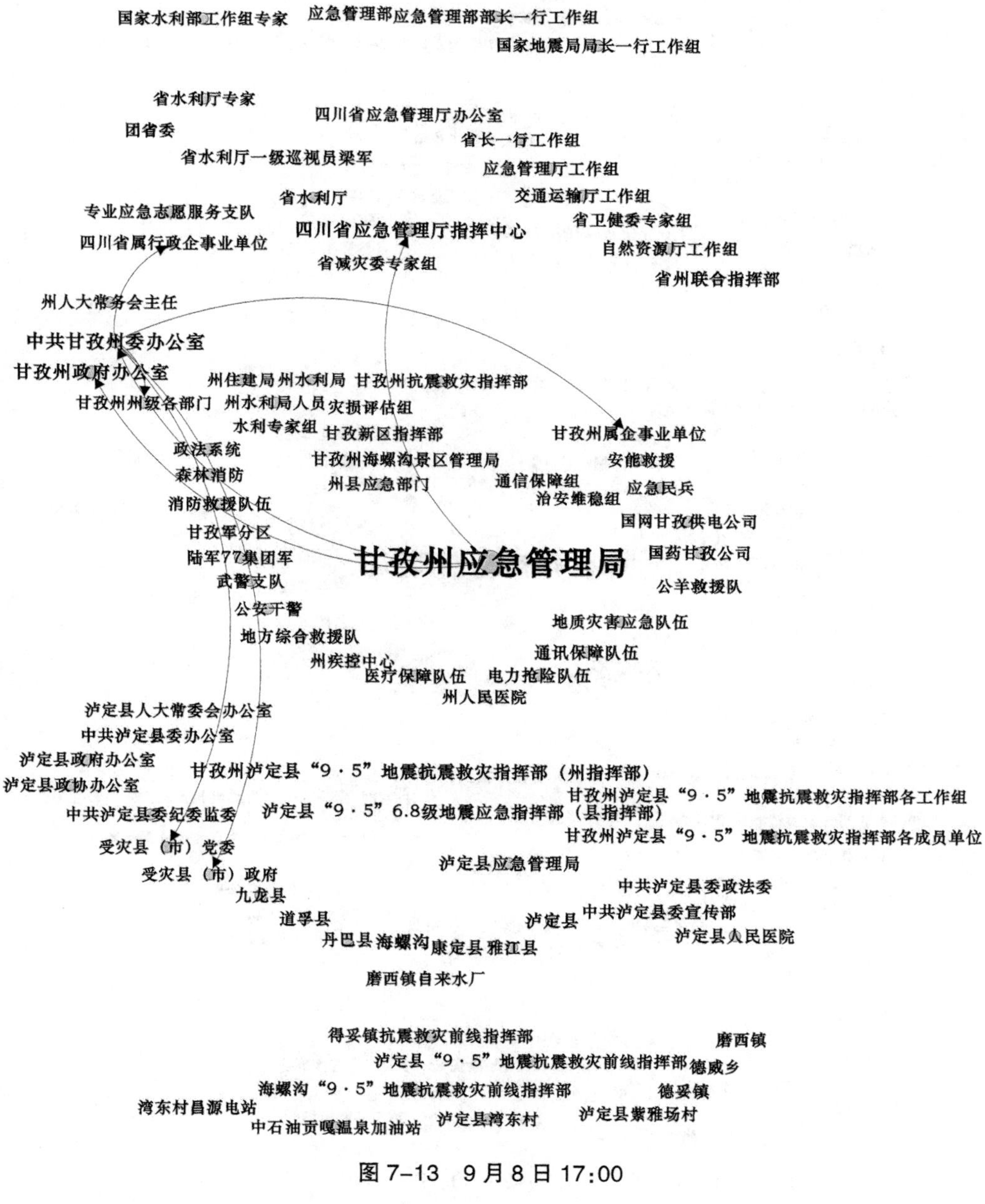

国家水利部工作组专家 应急管理部应急管理部部长一行工作组
国家地震局局长一行工作组
省水利厅专家
四川省应急管理厅办公室
团省委
省长一行工作组
省水利厅一级巡视员梁军
应急管理厅工作组
省水利厅
交通运输厅工作组
专业应急志愿服务支队
省卫健委专家组
四川省应急管理厅指挥中心
四川省属行政企事业单位
自然资源厅工作组
省减灾委专家组
省州联合指挥部
州人大常务会主任
中共甘孜州委办公室
甘孜州政府办公室
州住建局 州水利局 甘孜州抗震救灾指挥部
甘孜州州级各部门 州水利局人员 灾损评估组
水利专家组
甘孜新区指挥部
甘孜州属企事业单位
政法系统
甘孜州海螺沟景区管理局
安能救援
森林消防
州县应急部门
通信保障组
应急民兵
治安维稳组
消防救援队伍
国网甘孜供电公司
甘孜军分区
陆军77集团军
甘孜州应急管理局
国药甘孜公司
武警支队
公羊救援队
公安干警
地质灾害应急队伍
地方综合救援队
通讯保障队伍
州疾控中心
医疗保障队伍 电力抢险队伍
州人民医院
泸定县人大常委会办公室
中共泸定县委办公室
泸定县政府办公室
甘孜州泸定县“9·5”地震抗震救灾指挥部（州指挥部）
泸定县政协办公室
甘孜州泸定县“9·5”地震抗震救灾指挥部各工作组
中共泸定县委纪委监委
泸定县“9·5”6.8级地震应急指挥部（县指挥部）
甘孜州泸定县“9·5”地震抗震救灾指挥部各成员单位
受灾县（市）党委
泸定县应急管理局
受灾县（市）政府
中共泸定县委政法委
九龙县
道孚县
泸定县 中共泸定县委宣传部
丹巴县 海螺沟 康定县 雅江县
泸定县人民医院
磨西镇自来水厂
得妥镇抗震救灾前线指挥部
磨西镇
泸定县“9·5”地震抗震救灾前线指挥部 德威乡
海螺沟“9·5”地震抗震救灾前线指挥部
德妥镇
湾东村昌源电站
泸定县紫雅场村
中石油贡嘎温泉加油站 泸定县湾东村

图 7-13 9月8日 17:00

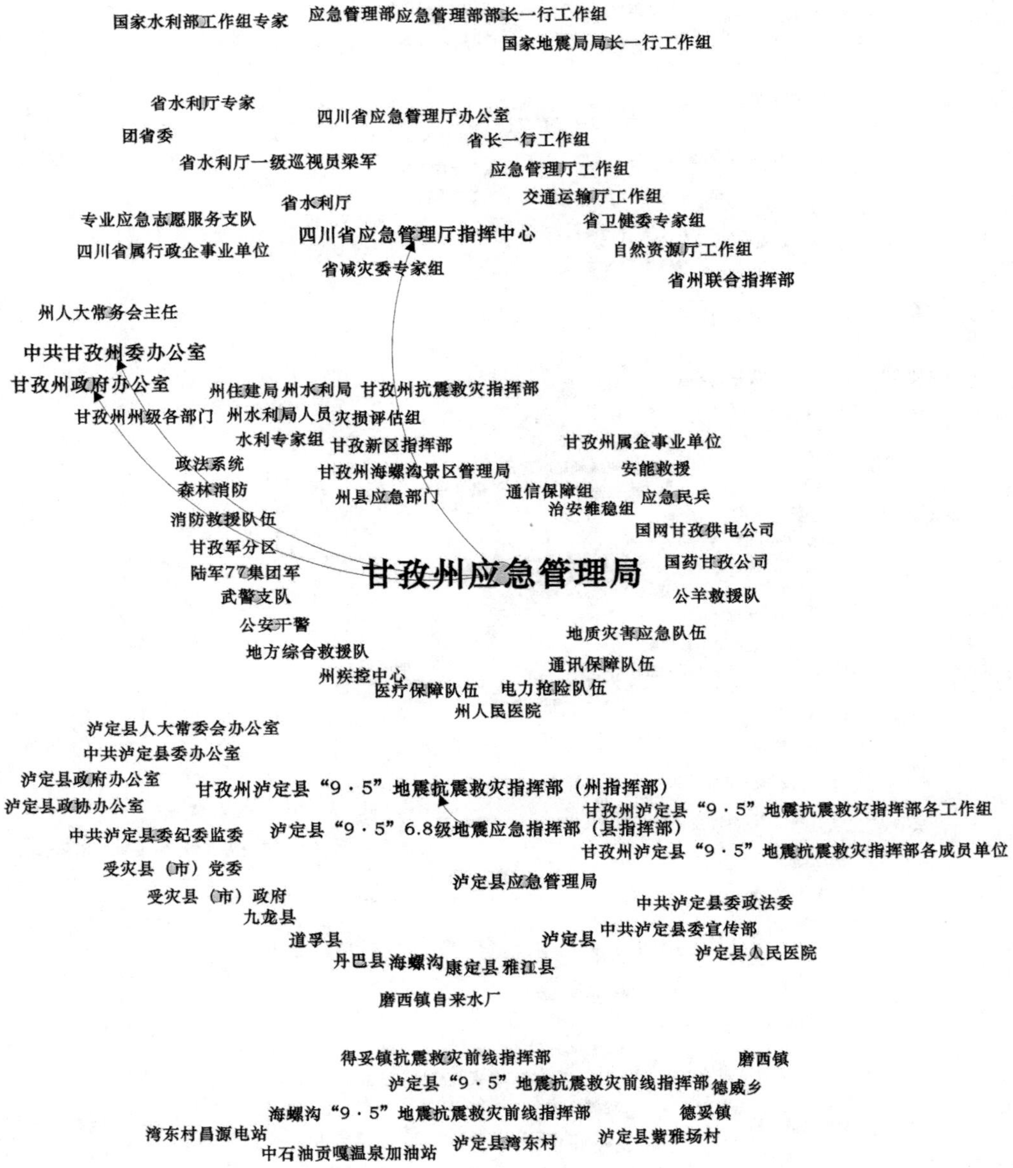

国家水利部工作组专家 应急管理部应急管理部部长一行工作组
国家地震局局长一行工作组
省水利厅专家
四川省应急管理厅办公室
团省委
省长一行工作组
省水利厅一级巡视员梁军
应急管理厅工作组
交通运输厅工作组
省水利厅
专业应急志愿服务支队
省卫健委专家组
四川省应急管理厅指挥中心
四川省属行政企事业单位
自然资源厅工作组
省减灾委专家组
省州联合指挥部
州人大常务会主任
中共甘孜州委办公室
甘孜州政府办公室
州住建局 州水利局 甘孜州抗震救灾指挥部
甘孜州州级各部门 州水利局人员 灾损评估组
水利专家组 甘孜新区指挥部
甘孜州属企事业单位
政法系统
甘孜州海螺沟景区管理局
安能救援
森林消防
州县应急部门
通信保障组
应急民兵
治安维稳组
消防救援队伍
国网甘孜供电公司
甘孜军分区
陆军77集团军
甘孜州应急管理局
国药甘孜公司
武警支队
公羊救援队
公安干警
地质灾害应急队伍
地方综合救援队
通讯保障队伍
州疾控中心
医疗保障队伍 电力抢险队伍
州人民医院
泸定县人大常委会办公室
中共泸定县委办公室
泸定县政府办公室
甘孜州泸定县“9·5”地震抗震救灾指挥部（州指挥部）
泸定县政协办公室
甘孜州泸定县“9·5”地震抗震救灾指挥部各工作组
中共泸定县委纪委监委
泸定县“9·5”6.8级地震应急指挥部（县指挥部）
甘孜州泸定县“9·5”地震抗震救灾指挥部各成员单位
受灾县（市）党委
泸定县应急管理局
受灾县（市）政府
中共泸定县委政法委
九龙县
道孚县
泸定县 中共泸定县委宣传部
泸定县人民医院
丹巴县 海螺沟 康定县 雅江县
磨西镇自来水厂
得妥镇抗震救灾前线指挥部
磨西镇
泸定县“9·5”地震抗震救灾前线指挥部 德威乡
海螺沟“9·5”地震抗震救灾前线指挥部
德妥镇
湾东村昌源电站
泸定县湾东村
泸定县紫雅场村
中石油贡嘎温泉加油站

图7-14 9月8日19:00~20:00、9月9日12:00~15:00

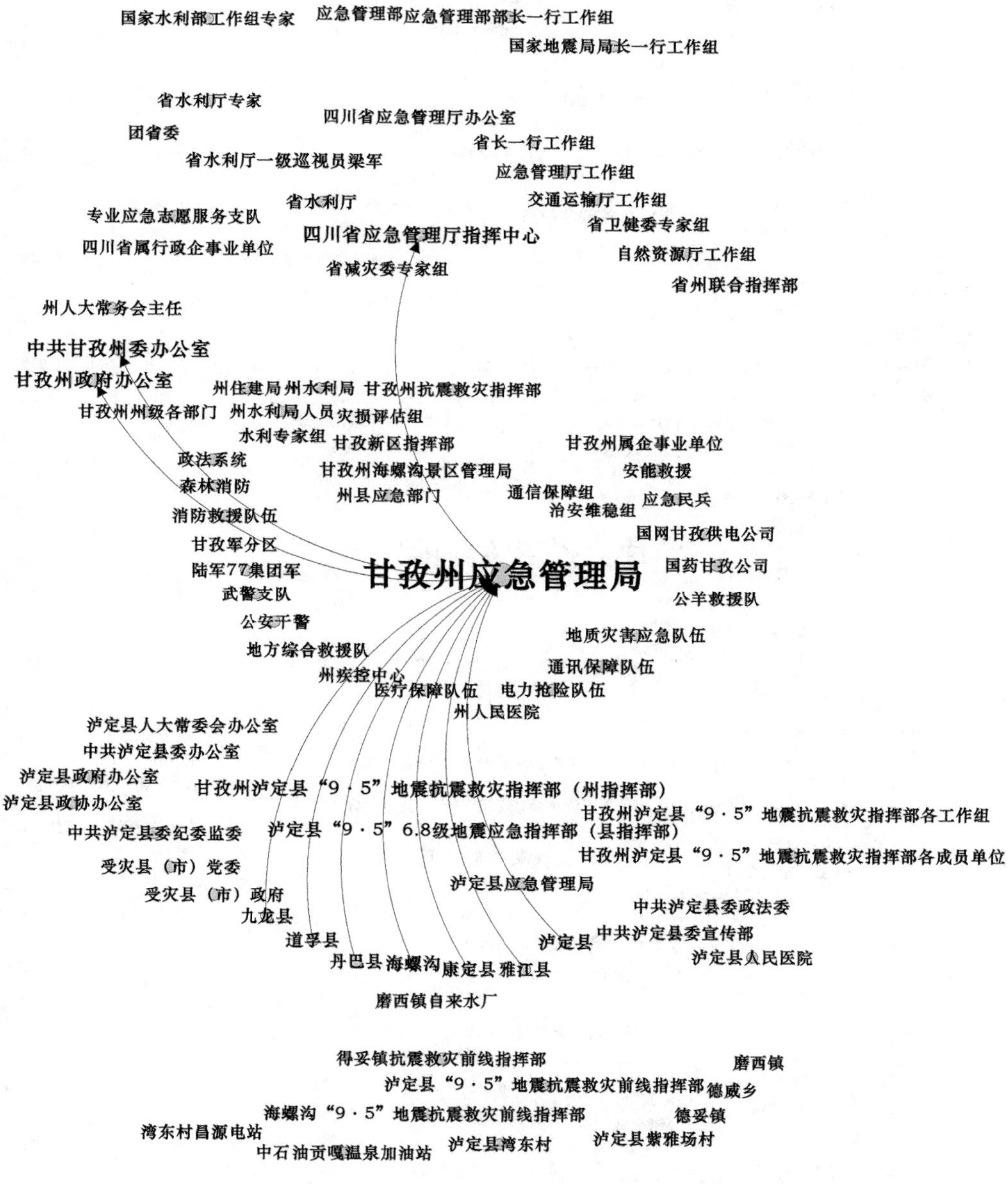

国家水利部工作组专家
应急管理部应急管理部部长一行工作组
国家地震局局长一行工作组
省水利厅专家
四川省应急管理厅办公室
团省委
省长一行工作组
省水利厅一级巡视员梁军
应急管理厅工作组
省水利厅
交通运输厅工作组
专业应急志愿服务支队
省卫健委专家组
四川省应急管理厅指挥中心
四川省属行政企事业单位
自然资源厅工作组
省减灾委专家组
省州联合指挥部
州人大常务会主任
中共甘孜州委办公室
甘孜州政府办公室
州住建局
州水利局
甘孜州抗震救灾指挥部
甘孜州州级各部门
州水利局人员
灾损评估组
水利专家组
甘孜新区指挥部
甘孜州属企事业单位
政法系统
甘孜州海螺沟景区管理局
安能救援
森林消防
州县应急部门
通信保障组
应急民兵
消防救援队伍
治安维稳组
国网甘孜供电公司
甘孜军分区
甘孜州应急管理局
国药甘孜公司
陆军77集团军
武警支队
公羊救援队
公安干警
地质灾害应急队伍
地方综合救援队
通讯保障队伍
州疾控中心
医疗保障队伍
电力抢险队伍
州人民医院
泸定县人大常委会办公室
中共泸定县委办公室
泸定县政府办公室
甘孜州泸定县“9·5”地震抗震救灾指挥部（州指挥部）
泸定县政协办公室
甘孜州泸定县“9·5”地震抗震救灾指挥部各工作组
中共泸定县委纪委监委
泸定县“9·5”6.8级地震应急指挥部（县指挥部）
甘孜州泸定县“9·5”地震抗震救灾指挥部各成员单位
受灾县（市）党委
泸定县应急管理局
受灾县（市）政府
中共泸定县委政法委
九龙县
中共泸定县委宣传部
道孚县
泸定县
泸定县人民医院
丹巴县
海螺沟
康定县
雅江县
磨西镇自来水厂
得妥镇抗震救灾前线指挥部
磨西镇
泸定县“9·5”地震抗震救灾前线指挥部
德威乡
海螺沟“9·5”地震抗震救灾前线指挥部
德妥镇
湾东村昌源电站
泸定县湾东村
泸定县紫雅场村
中石油贡嘎温泉加油站

图7-15　9月10日11:00~16:00、9月12日15:00~17:00、9月14日17:00

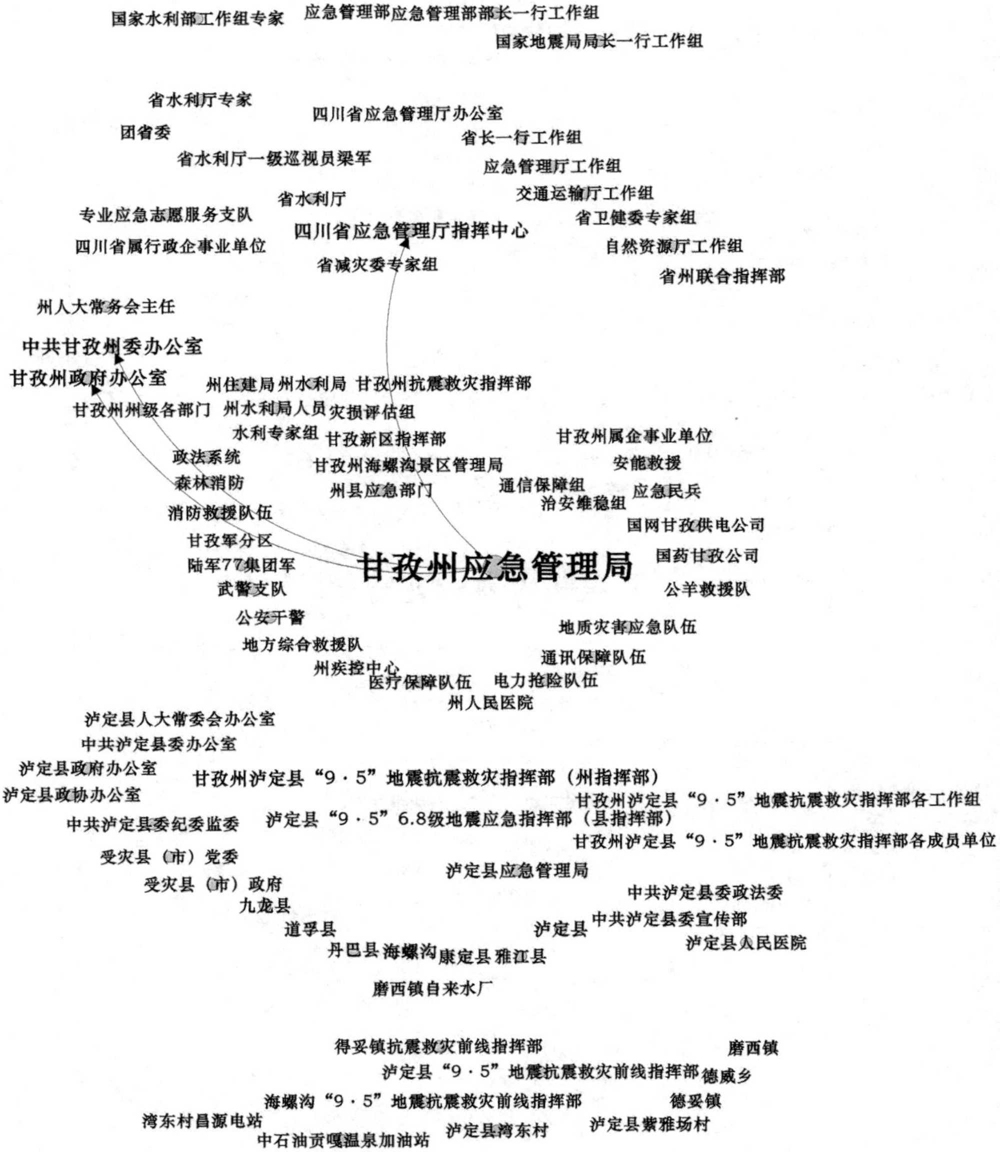

国家水利部工作组专家 应急管理部应急管理部部长一行工作组
国家地震局局长一行工作组
省水利厅专家
四川省应急管理厅办公室
团省委
省长一行工作组
省水利厅一级巡视员梁军
应急管理厅工作组
省水利厅
交通运输厅工作组
专业应急志愿服务支队
四川省应急管理厅指挥中心
省卫健委专家组
四川省属行政企事业单位
自然资源厅工作组
省减灾委专家组
省州联合指挥部
州人大常务会主任
中共甘孜州委办公室
甘孜州政府办公室
州住建局 州水利局 甘孜州抗震救灾指挥部
甘孜州州级各部门 州水利局人员 灾损评估组
水利专家组 甘孜新区指挥部
甘孜州属企事业单位
政法系统
甘孜州海螺沟景区管理局
安能救援
森林消防
通信保障组
州县应急部门
应急民兵
治安维稳组
消防救援队伍
国网甘孜供电公司
甘孜军分区
陆军77集团军
甘孜州应急管理局
国药甘孜公司
武警支队
公羊救援队
公安干警
地质灾害应急队伍
地方综合救援队
通讯保障队伍
州疾控中心
医疗保障队伍 电力抢险队伍
州人民医院
泸定县人大常委会办公室
中共泸定县委办公室
泸定县政府办公室
甘孜州泸定县“9·5”地震抗震救灾指挥部（州指挥部）
泸定县政协办公室
甘孜州泸定县“9·5”地震抗震救灾指挥部各工作组
中共泸定县委纪委监委
泸定县“9·5”6.8级地震应急指挥部（县指挥部）
甘孜州泸定县“9·5”地震抗震救灾指挥部各成员单位
受灾县（市）党委
泸定县应急管理局
受灾县（市）政府
中共泸定县委政法委
九龙县
道孚县
泸定县 中共泸定县委宣传部
泸定县人民医院
丹巴县 海螺沟 康定县 雅江县
磨西镇自来水厂
得妥镇抗震救灾前线指挥部
磨西镇
泸定县“9·5”地震抗震救灾前线指挥部 德威乡
海螺沟“9·5”地震抗震救灾前线指挥部
德妥镇
湾东村昌源电站
泸定县湾东村
泸定县紫雅坊村
中石油贡嘎温泉加油站

图 7-16　9 月 11 日 11:00、9 月 16 日 09:00、9 月 18 日 17:00、
9 月 21 日 18:00

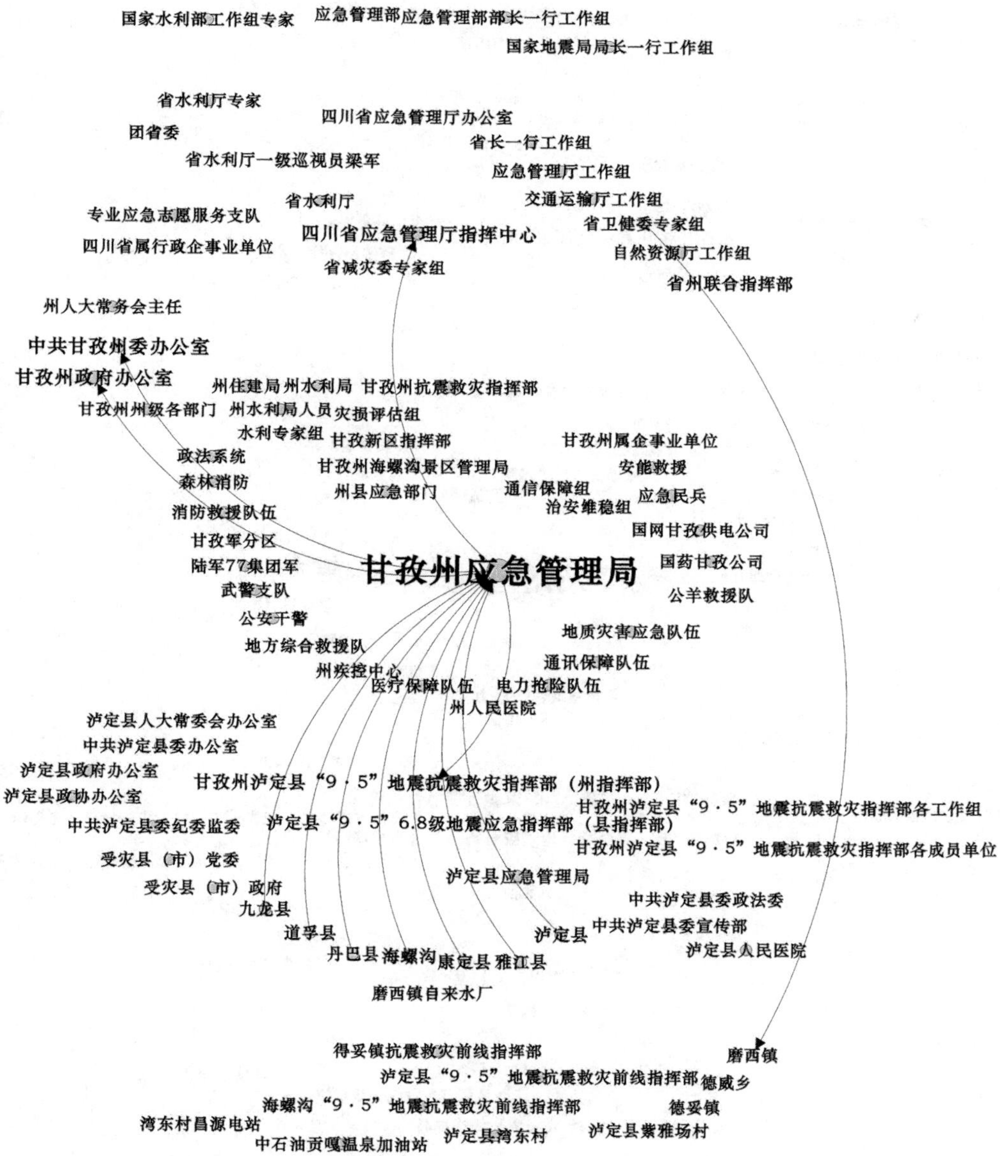

国家水利部工作组专家
应急管理部应急管理部部长一行工作组
国家地震局局长一行工作组
省水利厅专家
四川省应急管理厅办公室
团省委
省长一行工作组
省水利厅一级巡视员梁军
应急管理厅工作组
省水利厅
交通运输厅工作组
专业应急志愿服务支队
省卫健委专家组
四川省应急管理厅指挥中心
四川省属行政企事业单位
自然资源厅工作组
省减灾委专家组
省州联合指挥部
州人大常务会主任
中共甘孜州委办公室
甘孜州政府办公室
州住建局州水利局
甘孜州抗震救灾指挥部
甘孜州州级各部门
州水利局人员
灾损评估组
水利专家组
甘孜新区指挥部
甘孜州属企事业单位
政法系统
甘孜州海螺沟景区管理局
安能救援
森林消防
通信保障组
应急民兵
州县应急部门
治安维稳组
消防救援队伍
国网甘孜供电公司
甘孜军分区
陆军77集团军
甘孜州应急管理局
国药甘孜公司
武警支队
公羊救援队
公安干警
地质灾害应急队伍
地方综合救援队
通讯保障队伍
州疾控中心
医疗保障队伍
电力抢险队伍
州人民医院
泸定县人大常委会办公室
中共泸定县委办公室
泸定县政府办公室
甘孜州泸定县“9·5”地震抗震救灾指挥部（州指挥部）
泸定县政协办公室
甘孜州泸定县“9·5”地震抗震救灾指挥部各工作组
中共泸定县委纪委监委
泸定县“9·5”6.8级地震应急指挥部（县指挥部）
甘孜州泸定县“9·5”地震抗震救灾指挥部各成员单位
受灾县（市）党委
泸定县应急管理局
受灾县（市）政府
中共泸定县委政法委
九龙县
道孚县
泸定县
中共泸定县委宣传部
丹巴县
海螺沟
康定县
雅江县
泸定县人民医院
磨西镇自来水厂
得妥镇抗震救灾前线指挥部
磨西镇
泸定县“9·5”地震抗震救灾前线指挥部
德威乡
海螺沟“9·5”地震抗震救灾前线指挥部
德妥镇
湾东村昌源电站
泸定县紫雅场村
中石油贡嘎温泉加油站
泊定县湾东村

图 7-17　9 月 15 日 09:00~10:00

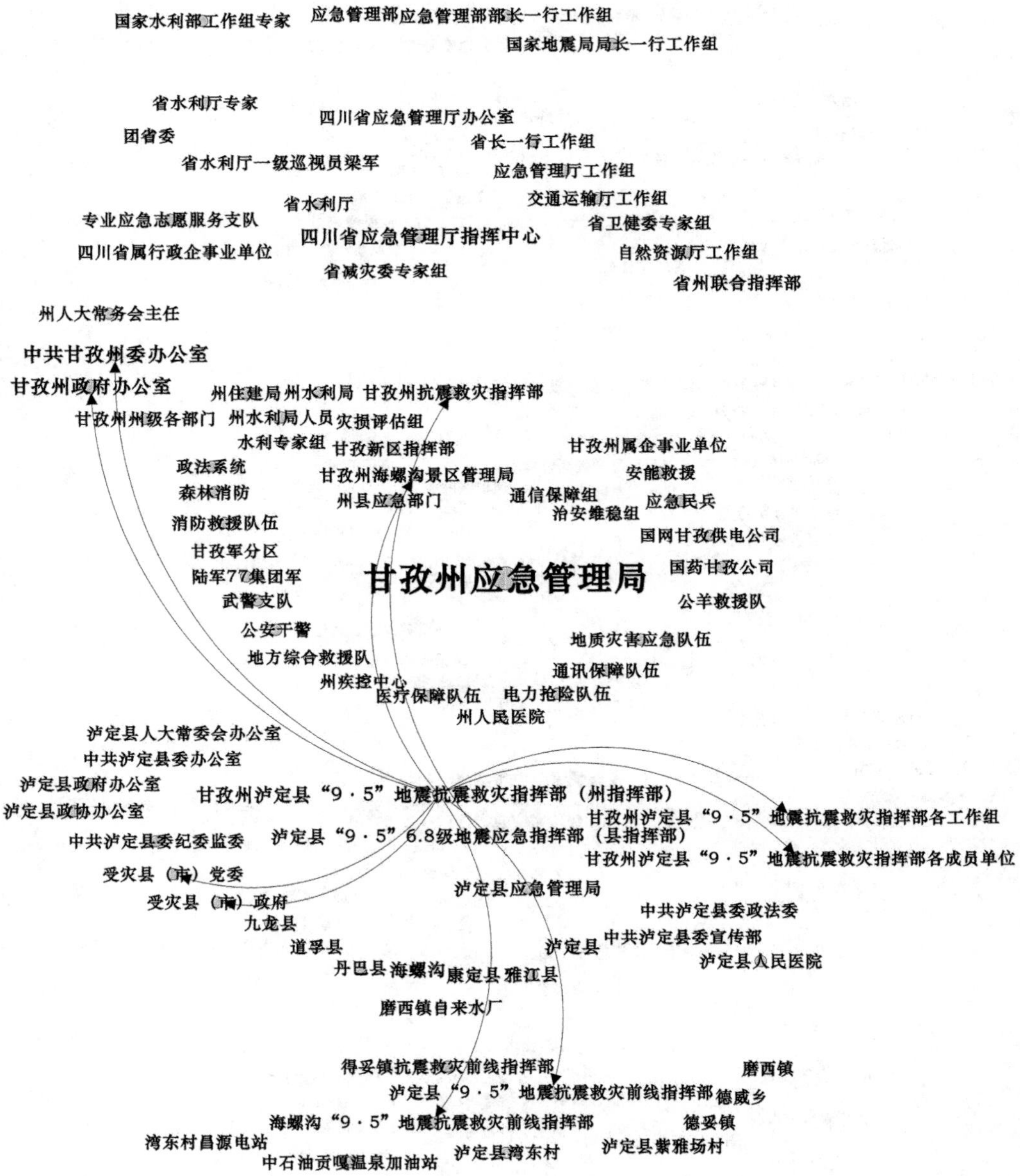

图 7–18　9 月 15 日 17:00

（二）随时间变化的信息共享特征

不同时间段的信息共享网络和信息共享内容都体现了不同的特点，但毋庸置疑，信息共享一定是围绕当下时间段内核心的应急处置目标和任务开展的。首先看信息共享本身，甘孜州应急管理局在整个信息共享过程中承担了核心枢纽的作用，既向上报送，又向下传达和获取信息。初期，甘孜州应急管理局以向上报送和横向力量调动为主，其核心应急处置目标是立即开展震后应急处置和救援；随后国家级和省级层面领导和工作组陆续到达震区指导救援和处置工作，甘孜州应急管理局同时也与县级及现场级主体单位快速建立沟通渠道。之后的信息共享就会以甘孜州应急管理局为枢纽实现下级信息上传和上级信息报送。在整个信息共享过程中，甘孜州应急管理局共获取县级层面7个不同县区的54次信息，获取现场级层面5个不同主体的5次信息，从横向层级不同主体获取信息44次，甘孜州应急管理局分别向3个不同的上级组织报送信息26次。甘孜州应急管理局从最初横向信息共享逐渐扩展到纵向跨层级信息共享，从最初跨一层信息共享逐渐过渡到跨多层信息共享（州级→现场级），再到在9月8日进一步完善指挥体系后的沿层级逐级传递的形式。

信息共享所呈现出的应急处置目标和任务的变化方面，最初以预警、力量调动为主，之后快速与现场建立联系以获取现场层面信息，了解灾害基本情况。确定此时主要开展的任务有成立指挥部、启动响应机制、力量出动、领导赴前指挥、人员搜救、抢通保通（为与现场建立联系，首先要保证通信畅通）、新闻通报、群众转移安置、次生灾害预防等。震后第二天除了持续开展搜救、人员安置和新闻发布外，还会根据灾情态势发展，进行震区风险评估和次生衍生灾害的防治，如堰塞湖的研判和处置，此时需要与专业处置部门对接处理专项险情。震后第三、第四天，震区灾情逐渐趋于稳定，应急处置任务向新闻发布和灾损评估倾斜。震后第五天及以后，应急处置任务的重点转向善后处置、人员过渡安置、新闻发布和舆情引导转换，需要自下而上传达的信息内容也逐渐固定。

此外，除了信息共享网络结构中可能存在的问题外，还可以发现，震后两天是相对比较混乱的状态，不过州应急管理局的高统筹性让信息能够快速汇集和传播，也能够让上级组织领导快速找到震区落脚点。但在进行数据处理过程中，不难发现不同主体对同一主体的表述是具有差别的。如省州联合指挥部和省州县联合指挥部都出现过，省州联合指挥部和州指挥部其实本质上是同一个指挥部，但也都会在不同的信息文件中出现。这意味着，不同主体看待同一个对象的认知是有差别的，这很容易导致其他主体产生混淆。这看似是一个很小的问题，但认知差异很容易引发对同一态势的认知偏差，从而使得决策和行动不协同，这也从侧面反映出指挥体系和响应机制的建设还有很多标准化的内容没有实现。另外，8日，州委办和州政府办对指挥体系进行完善，也反映出指挥体系的标准化亟须进一步加强，尤其在混乱的初期，更需要建立一套标准化的体系和机制。

附 录

案例梳理："9·5"泸定地震灾害应急处置过程

一、监测预警阶段

（一）地震预警

北京时间2022年9月5日12时52分四川省甘孜州泸定县发生6.8级地震，中国地震预警网于震后6.1秒产出首报预警结果；中国地震台网中心于震后3分钟发布自动速报结果，震后11分钟发布正式速报结果[①]，并通过预警终端、手机App、"村村响"大喇叭广播等发布渠道，提前几秒到几十秒向震中周边的社会公众、中小学校、重大工程以及防震减灾管理部门发出预警信息，其中提前56秒为成都地区发送地震预警信息[②]。

（二）监测设施

泸定县地震有加郡、冷碛、甘谷地、羊圈沟4个强震台观测点，数据直接由省地震局管理，各台分别设立1名看护人员，保障各台监测设备安全、环境安全。同时，设立3个温泉观测点（新兴温泉、共和川63号温泉和2号温泉），各点设立1名监测人员，将每天温泉监测数据报至县应急

---

① 徐泰然，戴丹青，杨志高等.2022年9月5日四川泸定6.8级地震初步研究结果［J］.中国地震，2022，38（3）.

② 四川甘孜州泸定县6.8级地震成都提前56秒预警［EB/OL］.四川省地震局官网，https://www.scdzj.gov.cn/xwzx/sjdt/202209/t20220905_53342.html。

管理部门，并逐级上报。泸定县设立宏观点3处（烹坝乡、冷碛镇、磨西镇），实地观察近期动植物是否有异常情况。此外，地震预警接收服务器有4台装备（分别安装在泸定桥小学、泸中、成武小学、华电泸定水电站）、地震预警接收服务器终端地系统1套，设立地震基准站3处，可及时接收地震预警速报信息。

二、应急响应阶段

应急响应阶段的时间为2022年9月5日至9月12日18时。地震发生后省州县迅速启动地震应急预案和地震灾害一级响应，9月12日18时终止省一级应急响应，转入恢复重建阶段。

（一）力量出动

1. 转运搜救方面

前线指挥部现场研究决定采用“陆路+水路+航空”救援相结合的方式开展搜救工作。甘孜州方面，抢抓72小时救援黄金期，建立“一对一”精准搜救工作模式，累计投入救援力量9200余人、救援装备6204台（套），建立“水陆空”立体救援通道，完成7轮新时代“强渡大渡河”“飞夺泸定桥”式全覆盖人员搜救，争分夺秒转移了54686人。泸定县方面，组织协调解放军、武警、公安、消防、民兵、医疗等20支救援力量、4000余人投入抢险救援工作当中，累计转移群众1.5万余人。

（1）地面救援

四川省森林消防救援总队组成4个搜救小组，配备当地群众向导沿湾东村山脊小道挺进搜救。同时，投入7艘冲锋舟通过水路直达受灾村，缩短救援距离，并开辟直升机停机坪，协调直升机参与营救重伤人员，提高救援效率。解放军、武警、公安、消防、民兵、医疗等有20支救援力量，4000余人投入到了抢险救援工作当中。累计转移群众1.5万余人、医疗救治882人、搭设帐篷3156顶、转运物资1600余吨，抢通道路89千米。

泸定县森林草原专业防灭火大队9月5日接到出发命令后，至10月3日一直在得妥镇开展救援和后续相关任务，累计参与救援任务29天，参与救援人员2230人次，出动车辆261台次。

（2）水域救援

甘孜州森林消防支队雅江大队、康定中队及总队其他支队共133名指战员，利用携带的11艘冲锋舟和征用的8艘各式舟艇，连夜将水利、地质专家及专业装备运往湾东村，第一时间将湾东河下游600多名受灾群众转运到安全地域，为堰塞湖排险争取了宝贵时间，并冒着生命危险，挺进大渡河沿岸的"孤岛村"，分3个方向深入14个村组，用双脚和舟艇建立起转运伤员的"生命通道"。

（3）空中救援

甘孜州累计投入2架军用直升机飞行140架（次）转运伤员84人，转移受困群众372人，转运救援人员、保障人员533人，投送物资48吨。

四川省协调调度应急管理部布防四川森林航空消防直升机5架、空军部队直升机2架和运输机1架、陆航部队直升机2架、省级通航救援队伍直升机1架，总计11架救援飞机投入抢险救灾。截至9月15日，累计飞行253架次，转移伤员201人、受困群众553人，运送搜救队员、医务人员、记者、工作人员等502人，转运医疗物资、食品、帐篷棉被、电力通信设备等145吨。调度1架彩虹大型固定翼无人机开展灾后影像获取工作，并协调保障国网通航2架直升机、凤翔通航1架直升机，为电力、自然资源、交通运输等部门开展救灾工作提供航空服务。此外，应急管理部跨省调度1架翼龙大型固定翼无人机，会同四川省1架腾盾大型固定翼无人机，在重灾区上空联合开展应急通信保障。

2.抢通排险、医疗救援方面

甘孜州累计组织了3471名抢险人员、1232台机具。医疗防疫方面，共设立医疗救治点48个、核酸检测点145个，组建巡回医疗队12支，灾区核酸采样1401954人次。

泸定县出动救护车辆136台次、应急抢险车辆615辆参与交通运输救援，并调用发电机10台、保障油机241台提供电力供应保障，调用卫星电话57部、应急通信车辆6辆、卫星通信车8辆保障通信畅通。此外，共向受困群众及搜救人员空投运送食品医疗物资9.55吨。向灾区一线救援力量输送92号、95号汽油、柴油，2冲程机油等共计7.8万余元，全力保障救援车辆用油，保证救灾工作之需。累计转移群众3.7万余人、医疗救治1300余人、搭设帐篷3156顶、转运物资1600余吨，抢通道路89千米。

（二）指挥体系搭建

此次地震是国家应急管理体制改革后，国务院领导同志首次指定应急管理部主要负责同志率工作组赴灾区指导协调，国务院抗震救灾指挥部现场工作组由有关成员单位组成。国务院领导明确工作组在四川省抗震救灾指挥体系下，指导协调督促地方开展工作。军队抗震救灾工作由西部战区统一指挥，派出战区前进指挥组。四川省成立省市（州）县前线联合指挥部，实现扁平化高效指挥。指挥体系的搭建实现了统一指挥协调，高效联动，资源整合，军地协同，各方有序参与，确保了抗震救灾工作有力有效，落实了统一领导、军地联动、分级负责、属地为主、部门协同的工作机制。

1.领导指示

2022年9月，习近平总书记对四川甘孜泸定县6.8级地震作出重要指示，要求把抢救生命作为首要任务，全力救援受灾群众，最大限度减少人员伤亡。要加强震情监测，防范发生次生灾害，妥善做好受灾群众避险安置等工作。请应急管理部等部门派工作组前往四川指导抗震救灾工作，解放军和武警部队要积极配合地方开展工作，尽最大努力确保人民群众生命财产安全。

时任国务院总理李克强作出批示，要求抓紧核实灾情，全力抢险救援和救治伤员，注意防范滑坡、泥石流等次生灾害，妥善安置受灾群众，尽快抢修受损的交通、通信等基础设施。有关部门要对地方抗震救灾加强指导和支持。

应急管理部党委成员、中国地震局党组书记、局长等领导就此次地震的抗震救灾及应急处置工作作出部署，要求尽快核实查明震情、灾情，加强震情监视跟踪，配合当地政府开展抗震救灾工作。

地震发生后，四川省委书记第一时间与泸定县委主要负责同志通电话了解灾情，要求县委、县政府迅速组织力量，争分夺秒做好抗震救灾工作，深入震中尽快核查受灾情况，妥善安置受灾群众。要求省政府迅速启动应急响应，加强对灾区抗震救灾工作的指导，尽快了解受灾情况，千方百计抢救伤员，防止次生灾害，全力保障灾区群众生命财产安全。①

2. 指挥体系构成

（1）泸定县"9·5"6.8级地震应急指挥部（县指挥部）

地震发生后泸定县委、县政府迅速响应，立即启动《泸定县2022年地震应急预案》和地震灾害一级响应。按照州委、州政府指示，经县委、县政府研究，成立了泸定县"9·5"6.8级地震应急指挥部。

总指挥长：常务副州长和州人大常委会副主任；

指挥长：县委书记和县委副书记；

副指挥长：其他的县级领导；

成员：前线各应急指挥部成员。

① 泸定6.8级地震已致多人遇难，震后画面曝光，省长赶赴灾区［EB/OL］.上观，https://export.shobserver.com/baijiahao/html/525067.html

指挥部设在得妥镇人民政府驻地，下设9个组：综合办公室、物资后勤组、抢险救援组、医疗救治、疫情防控组、道路运输组、空中救援组、灾民安置组、志愿服务组。

同时，在县应急管理局指挥中心设置了后方指挥部，指挥长为县委副书记，副指挥长为县级领导，对应前方指挥部相应设置了综合协调组、物资保障组、宣传舆情组、遇难人员遗体处置组、医疗救治、疫情防控组、交通保障组、次生灾害防范组、纪律督查组9个组。

（2）甘孜州泸定县“9·5”地震抗震救灾指挥部（州指挥部）

地震发生后立即成立由州委书记、州长任双指挥长的泸定县“9·5”地震抗震救灾指挥部州应急指挥部，下设综合协调组、救援组、医疗组、疫情防控组、交通通信保畅组、物资保障组、群众安置组、治安维稳组、次生灾害组、宣传报道组、灾损评估组、机动救援组、后勤保障组、督导督查组、专家组15个小组。泸定县、海螺沟成立前方指挥部，迅速开展抗震救灾工作。

9月8日，甘孜州委办公室调整充实甘孜州泸定县“9·5”地震抗震救灾指挥部，形成以州委书记、州委副书记为总指挥长，以20名州级主要干部为副指挥长、52名州级干部为成员的州级抗震救灾指挥部。

总指挥长：州委书记，州委副书记；

副指挥长：州人大常委会主任、州政协主席、州委副书记、州政法委书记、常务副州长、宣传部部长、统战部部长、甘孜军分区政委、组织部部长、州纪委书记、州监委主任、州直工委书记、副州长、甘孜军分区司令员、州公安局局长、康定市委书记等领导干部。

指挥部下设泸定、海螺沟2个前线指挥部和综合协调组、抢险救援组、技术保障组、医疗救治组、疫情防控组、保通保畅组、物资保障组、群众安置组、治安维稳组、次生灾害防范组、群众工作组、宣传报道组、后勤保障组、督导督查组14个工作组。工作组内设置组长、副组长，明确牵头单位、成员单位、各工作组职责。海螺沟前线指挥部由州政法委书记牵头负责，泸定前线指挥部由常务副州长牵头负责，泸定县、海管局相关负责同志担任副指挥长。

综合协调组下设康定协调小组，由州应急管理局牵头，负责衔接应急管理厅、省地震局工作，及时收集、汇总、报告有关情况，传达州抗震救灾指挥部的工作安排，承办州抗震救灾指挥部在康定的会议、活动、文电工作，协调相关保障服务工作，完成州抗震救灾指挥部及综合协调组交办的其他任务。康定协调小组充分发挥了协调支撑作用，在多主体参与突发事件处置的环境中具有重要的作用。

（3）省市（州）县军地前线联合指挥部

①9月5日17:20成立。

②9月5日23:00，前线联合指挥部第一次新闻发布会在泸定县磨西镇举行，通报灾情和救援情况。

③9月6日，四川省委副书记在磨西镇主持召开省市（州）县前线联合指挥部会议。

④9月6日下午，"9·5"泸定地震抗震救灾省市（州）县前线联合指挥部新闻发布会第二次发布会召开。

⑤9月7日17:00，"9·5"泸定地震抗震救灾省市（州）县前线联合指挥部在雅安市石棉县召开第三次新闻发布会发布会。

⑥9月8日晚，"9·5"泸定地震抗震救灾省市（州）县前线联合指挥部在雅安市石棉县召开第四次新闻发布会发布会。

⑦9月10日下午，"9·5"四川泸定地震抗震救灾省市（州）县前线联合指挥部在四川省雅安市石棉县召开第五次新闻发布会。

⑧9月11日上午，"9·5"四川泸定地震抗震救灾省市（州）县前线

联合指挥部召开新闻通气会，发布“四川泸定6.8级地震烈度图”。

⑨9月12日，“9·5”泸定地震抗震救灾省市（州）县前线联合指挥部召开第六场新闻发布会，宣布按照地震响应终止的相关规定，经省委、省政府同意，省抗震救灾指挥部决定从2022年9月12日18时起，终止省级地震一级应急响应，应急救援阶段转入过渡安置及恢复重建阶段。

3.指挥体系搭建时间轴

省委副书记、省长一行工作组以及应急管理厅、交通运输厅、自然资源厅等8个省级部门工作组迅速赶赴震中开展工作。

①9月5日13:02，成立由双指挥长指挥的州抗震救灾指挥部。按照州委、州政府指示，经县委、县政府研究，成立了泸定县“9·5”6.8级地震应急指挥部。

②截至9月5日15:00，甘孜州已设立前线指挥部在泸定县的应急管理局指挥中心，州政府主要领导及相关部门负责人已进驻前线指挥部指挥救援工作。

③9月5日17:20，省市（州）县军地前线联合指挥部成立。

④9月5日24:00，国家地震局局长一行29人到州开展工作。

⑤9月6日02:30，省水利厅组织召集长江委派遣的水利部工作组专家3人、省水利厅专家3人和州水利局人员召开会商分析研判会议。

⑥9月6日04时左右，应急管理部部长一行20多人到震中开展工作。

⑦9月6日早晨，州水利局局长同水利部和省水利厅专家抵达得妥镇实地察看湾东河情况。

⑧9月6日，在磨西镇召开省市（州）县前线联合指挥部会议。

⑨9月7日，省委书记赴震中磨西镇看望慰问受灾群众、一线抢险救援人员和基层干部，参加地震遇难同胞哀悼活动，现场指导抗震救灾工作。

⑩9月8日，甘孜州委办公室调整充实甘孜州泸定县"9 · 5"地震抗震救灾指挥部。

⑪9月8日，灾损评估组正式开展相关工作。

（三）应急物资

甘孜州泸定县6.8级地震发生后，财政部、组织部、应急管理部、省财政厅、省应急管理厅、省粮食和物资储备局、中国红十字会总会、全国总工会等部门为支持做好抗震救灾工作，紧急拨付自然灾害救助资金，统筹做好抗震救灾各项处置工作和恢复重建工作。除此之外，各部门紧急调拨可用物资，如帐篷、棉被、折叠床、棉大衣、棉衣裤等支持保障工作，同时协调做好物资调运和发放工作。但物资调配和管理过程中仍旧面临一些困境，例如小型越野救援车辆少、无人机数量少、科技含量低、大中小构成比例不合理，以及抢险救援靴不适用于崎岖山路长途负重行进，且72小时自我保障物资背囊使用功能和人体力学设计欠合理。这些细节问题对进一步优化省级物资保障和各部门物资调配清单提供了参考。

（四）地震及次生灾害态势跟踪与应急处置

1.地震人员死亡（失联）态势跟踪

（1）9月5日当天态势情况

①13:07，甘孜州应急管理局初报。

②15:15，甘孜州应急管理局报送续报一：截至15:00已有7人死亡。截至15:40，6人死亡。截至15:45，15人死亡。截至17:23，18人死亡。截至18:40，21人死亡。

③19:10，甘孜州应急管理局报送续报二：截至19:10已有19人死亡。

④20:25，甘孜州应急管理局报送续报三：截至20:25已有34人死亡。

⑤21:00，根据《甘孜州地震应急预案（试行）》并经州人民政府同意，州抗震救灾指挥部决定将州级地震应急响应调整为一级。

⑥截至21:20，51人死亡。

⑦23:00，前线联合指挥部第一次新闻发布会在泸定县磨西镇举行，通报灾情和救援情况。

⑧23:16，四川省抗震救灾指挥部决定将省级地震二级应急响应提升为省级地震一级应急响应。

地震级别虽不到7.0级，但人员伤亡远超30人，同时引发了极大的社会关注，危害极大，故而将省级地震应急响应提升至一级。

（2）9月6日当天态势情况

①截至6:00，56人死亡、12人失联。

②7:00，甘孜军分区反映得妥镇灾情严重，请现场指挥部调集专业力量救援。

③7:26，国务院抗震救灾指挥部办公室、应急管理部将国家地震应急响应级别提升至二级。国家减灾委、应急管理部将国家救灾应急响应级别提升至Ⅲ级。

④12:30，海螺沟景区无伤亡。

⑤截至13:00，66人死亡、15人失联。

⑥截至14:00，66人死亡、15人失联。

⑦9月6日，省委副书记在磨西镇主持召开省市（州）县前线联合指挥部会议。

⑧9月6日下午，“9·5”泸定地震抗震救灾省市（州）县前线联合指挥部新闻发布会第二次发布会召开。

（3）9月7日当天态势情况

①2:42，发生4.5级余震。

②截至6:00，74人死亡、35人失联。

③泸定县召开防地灾紧急调度会，明确6名县级领导到除得妥镇外的6个乡镇下沉督导检查，水利、气象、自然资源、应急等部门各落实1名科级干部24小时值班，随时抽查各乡镇防地灾情况。

④截至14:00，74人死亡、35人失联。

⑤17:00，"9 · 5"泸定地震抗震救灾省市（州）县前线联合指挥部在雅安市石棉县召开第三次新闻发布会发布会。

⑥截至21:00，82人死亡、35人失联。

2.地震导致的湾东河流域次生地质灾害

泸定县发生6.8级地震后，泸定县得妥镇湾东村右岸山体垮塌，阻断湾东河右主支沟，形成堰塞湖。19:15甘孜州水利局报告大渡河一级支流湾东河已断流近6小时。针对堰塞湖的处置主要包含行动如下。

①减少人员伤亡—保护公众（疏散与避难）：截至5日21:00，泸定县已紧急将堰塞体下游100余名村民转移到安全地带。

②防御次生事件—防治次生衍生事件：专家组对堰塞体进行勘察研判，组织力量科学处置，使堰塞体开始泄流。

③评估事态—事件监测与预警：现场工作组6日凌晨监测发现，湾东河河道已恢复过流，预计堰塞湖库容不会大幅增加。但震后坡体和沟道内都存在大量松散物质，未来几天如果出现强降雨，可能造成二次堵江灾害。

④评估事态—风险与后果评估、防御次生事件—防治次生衍生事件：9月6日2:30省水利厅组织召集长江委派遣的国家水利部工作组专家3人、省水利厅专家3人和州水利局人员召开堰塞湖会商分析研判会议。

（五）信息发布和舆情引导

甘孜州方面，制定了"9 · 5"泸定6.8级地震灾区新冠疫情防控指引和灾区新闻宣传纪律，加强正面宣传引导，召开了州级新闻发布会1场（9月5日下午，甘孜州人民政府新闻办举行新闻发布会，通报截至18时17分的相关情况）。四川省方面，依托省市（州）县军地前线联合指挥部召开6场新闻发布会以及1场新闻通气会，及时通报相关信息、解读相关内容，并于9月12日12时52分，举行“深切悼念‘9·5’泸定6.8级地震遇难同胞”仪式。此外，川观新闻对四川省地震应急服务中心副主任、现场工作队技术负责人进行了专访，对本次泸定地震灾害的5个特点进行解答。

经统计，依托中央、省、州主流媒体发布新闻稿件19.6万余条，挖掘震中24名勇士、特警飞索强渡大渡河、消防员搭人桥转移群众、特警徒手刨土救人等正面典型事例，凝聚形成共克时艰、感恩奋进的正能量，并且处置过程中未发生有违人道主义底线的舆情逆转事件。

（六）信息报送与共享

为强化突发事件信息管理，甘孜州建立了“日调度、日通报、日部署”机制，召开指挥部调度会11次，动态掌握“任务落实、问题需求、四不通村、失联人员”四张清单，及时跟踪、汇集、处理各项信息，通过信息管理掌握全局基本情况。地震发生15分钟内，甘孜州应急管理局迅速向四川省应急管理厅指挥中心、甘孜州委办公室、甘孜州人民政府办公室报送初报。地震发生后至9月21日12时甘孜州应急管理局共上报信息续报25篇。泸定县“9·5”地震抗震救灾前线指挥部向甘孜州泸定县“9·5”6.8级地震抗震救灾指挥部发送信息续报9篇，工作小结1篇，泸定县应急管理局向甘孜州抗震减灾指挥部报送应急管理简报1篇。其中，州县信息报送中涉及的主要行动任务共有9大项29小项，信息报送内容中行动重要目标覆盖全面。

①评估事态—事件调查与评估、风险与后果评估、信息报送与管理；

②加强现场组织管理—应急指挥中心响应、应急指挥与控制、事件现场管理；减少人员伤亡—搜救、保护公众（疏散与避难）、紧急医学救援；

③救助受灾群众—受灾群众临时安置、受众群众生活保障、医疗救治与卫生防疫、遗体管理与殡葬服务、救灾物资管理与志愿服务；

④防御次生事件—防治次生事件；维护社会秩序—维护社会治安、维护社会稳定；

⑤有效沟通公众与媒体—信息发布、网络舆情管控、舆论引导；善后与应急恢复—善后处置、基础设施修复、现场清理、恢复重建规划；

⑥保障应急—紧急交通运输保障、应急通信保障、能源与电力保障、资源管理（力量、资金、物资）、科技支撑。

评估事态方面，"9·5"泸定地震发生时尚未形成支持现场工作的软件信息化平台，大数据系统在灾情研判、失联人员定位方面的作用发挥不明显，信息仍主要依赖于非正式渠道（如微信、电话等）传播，容易导致数据零散、归档困难。

（七）受灾群众临时安置

通常，受灾群众临时安置主要由属地政府承担，地震当晚，泸定县迅速在兴隆镇、德威镇和城区广场、四川长征干部学院甘孜泸定桥分院分别设立临时安置点，搭建救灾帐篷，并于9月6日8时起启动受灾群众安置点转移工作。按照"应转尽转、应转必转"的原则，在最大限度降低受灾群众二次伤害风险的同时，紧急调运了帐篷、棉被、折叠床及矿泉水、面包、牛奶、方便食品等基本生活保障物资，全力保障了受灾群众在吃饭、穿衣、就医、住宿等方面的基本生活需求。在卫生防疫方面，对安置点积极做好消毒消杀、防疫消杀工作。

州级层面作为支持和协调方，重点围绕受灾群众有饭吃、有水喝、有衣穿、有医疗救助、有安全住所、有健康生活环境六个目标，分类施策推进群众临时安置。设置党员服务中心95个、物资发放点81个、淋浴方舱50个，统一烧火做饭，集中提供热食，调拨帐篷等物品4.42万件、食品等11.93万件，全力解决受灾群众临时生活问题。同时，启动了过渡安置工作，制定受灾群众生活救助和过渡安置救助方案。9月10日，泸定县、海螺沟片区启动4个新建安置点板房建设，20天后，震中受灾最严重的1400余人告别临时性帐篷，实现过渡房的“拎包入住”。

（八）灾区医疗与卫生防疫

在此次地震灾害应对过程中，共设立医疗救治点48个、核酸检测点145个，组建巡回医疗队12支，统筹推进安置点污水、生活垃圾、医疗废弃物等消杀处理和防疫工作。同时，出台并严格执行《“9·5”泸定6.8级地震灾区新冠肺炎疫情防控指引》，严格落实“入川即检”“入震区即检”“一日一检”“一扫三查戴口罩”措施，救灾运输人员坚持“即采即走即追究”闭环管理，救灾人员实行集中采样，灾区群众实行进村上门采样。

（九）群众工作

建立了州级领导包保受灾村工作机制，组织党员志愿服务队下沉网格和安置点，全覆盖开展受灾群众心理抚慰、医疗保障、宣传发动，鼓励引导群众不等不靠、自力更生。强化市场和物价监管，严厉防范扰乱秩序、哄抢物资、阻挠救灾等行为。

三、恢复重建阶段

（一）灾损具体情况

此次地震是甘孜州近40年来受灾面积最大、受灾群众最多、受损程度最深的一次强地震，波及泸定、康定、九龙、雅江、丹巴、道孚6县（市）35乡（镇），受灾面积达12000平方千米、占全州面积的7.8%；受灾群众高达129456人、占全州总人口的11.2%，预计造成经济损失141.01亿元。国省干道受损路基37.18千米，受损路面50.9千米，受损护坡、驳岸、挡墙256处，受损桥梁3447千米；其他公路受损路基190.77千米，受损路面235.55千米，受损护坡、驳岸、挡墙1323处。通信基站受损146个，受损线路2433.12皮长公里。水电站受损60座，受损变电设备容量10400千伏安，受损线路105.76千米。3级以下堤防受损23.22千米，受损水闸16处，受损灌溉设施606处；饮水设施设备受损481个，水渠（管道）995.983千米。倒塌房屋1452户10287间、严重损坏房屋32285间、一般损坏房屋94741间。

（二）恢复重建工作

2022年9月29日，四川省发展和改革委员会组织召开"9·5"泸定地震灾后恢复重建规划编制工作专题会议。

2022年12月23日，甘孜州"9·5"泸定地震灾后恢复重建项目集中开工仪式在泸定德威镇下奎武村举行。此次集中开工的4个统规统建安置点项目，总投资1.54亿元，将惠及群众582户，标志着灾后重建项目建设全面铺开。按照科学重建、人文重建、绿色重建、阳光重建的原则，甘孜州编制完成了"1+5+N"的规划方案，拟建灾后恢复重建项目197个，估算总投资120.16亿元，涵盖住房重建、城乡建设、景区恢复、产业发展、基础设施建设、地质灾害防治、国土空间生态修复等方面，力争用2年基本完成3年重建任务。①

2023年1月5日，四川省人民政府办公厅印发《"9·5"泸定地震灾后恢复重建总体规划》《"9·5"泸定地震灾后恢复重建公共服务设施重建专项实施方案》《"9·5"泸定地震灾后恢复重建城乡住房和市政基础

---

① 四川甘孜州"9·5"泸定地震灾后恢复重建项目集中开工，估算总投资120.16亿元［EB/OL］.界面新闻，https://baijiahao.baidu.com/s?id=1752996021309102597&wfr=spider&for=pc.

设施重建专项实施方案》《“9 · 5”泸定地震灾后恢复重建景区恢复和产业发展专项实施方案》《“9 · 5”泸定地震灾后恢复重建支持政策措施》。

截至2023年6月14日，“9 · 5”泸定地震灾后恢复重建生态修复项目已经全面启动。项目包括磨西台地地质遗迹生态保护修复项目、雪域贡嘎冰川恢复与保护项目两个部分，项目实施期3年。[①]根据泸定县人民政府公告，截至2023年12月7日，泸定县“9 · 5”地震住房重建和城乡建设组灾后恢复重建15个项目全部完工。

2024年3月29日，四川省人民政府网站公布四川省“9 · 5”泸定地震灾后恢复重建委员会印发的《“9 · 5”泸定地震灾后恢复重建2024年工作计划》。

四、“9 · 5”泸定地震应急响应大事记梳理

（一）9月5日

12时52分至13时00分，地震发生后，州应急管理局立即启动一级响应，州抗震救灾指挥部启动二级响应，甘孜州启动二级响应；接报后，国务院抗震救灾指挥部办公室、应急管理部立即启动国家地震应急三级响应，国家减灾委、应急管理部启动国家Ⅳ级救灾应急响应；自然资源部启动地质灾害防御Ⅲ级响应；

13:02，成立由双指挥长指挥的州抗震救灾指挥部；

13:07，甘孜州应急管理局初报；

13:45，省级启动水利抗震救灾二级响应；

14:30，县森林草原防灭火大队到达得妥镇；

14:34，州减灾委启动甘孜州自然灾害一级救助应急响应；

15:00，州地质灾害防治指挥部（州自然资源和规划局）启动地质灾害

① 四川泸定地震灾后恢复重建生态修复项目全面启动［EB/OL］.环球网，https://baijiahao.baidu.com/s?id=1768763352610451061&wfr=spider&for=pc。

一级应急响应；

15:15，州委副书记第一时间到达指挥中心；

17:00，救援队进驻第一个四断孤岛村；

17:20，省市（州）县军地前线联合指挥部成立；

17:28，震中磨西镇临时安置点亮起第一盏灯；

18:00，开始搭建受灾群众临时过渡安置帐篷；甘孜州人民政府新闻办举行新闻发布会，通报截至18:17的相关情况；

19:15，甘孜州水利局报告大渡河一级支流湾东河已断流近6个小时；

21:00，甘孜州地震应急响应调整为一级；

21:30，得妥镇湾东村左岸山体垮塌阻断湾东河，形成堰塞体；

23:00，"9·5"泸定地震抗震救灾省市（州）县前线联合指挥部第一次新闻发布会在泸定县磨西镇举行，通报灾情和救援情况；

23:16，四川省抗震救灾指挥部决定将省级地震二级应急响应提升为省级地震一级应急响应；

23:30，省级水利抗震救灾响应调整为一级。

（二）9月6日

00:00，省州联合指挥部物资调配、人员调度；堰塞湖自然泄洪；

00:25，部厅级领导工作组到达；可能发生堰塞湖灾害；

02:30，堰塞湖研判会议；

07:00，甘孜军分区反映得妥镇灾情严重，请现场指挥部调集专业力量救援；

07:26，国务院抗震救灾指挥部办公室、应急管理部将国家地震应急响应级别提升至二级。国家减灾委、应急管理部将国家救灾应急响应级别提升至Ⅲ级；

08:00，泸定县启动受灾群众安置点转移工作；

8:27，查看堰塞湖情况；

12:30，海螺沟景区无伤亡；

9月6日，在磨西镇召开省市（州）县前线联合指挥部会议；

9月6日下午，“9・5”泸定地震抗震救灾省市（州）县前线联合指挥部新闻发布会第二次发布会召开；

21:00，12个四断孤岛村通信恢复。

（三）9月7日

2:42，发生4.5级余震；

15:20，堰塞体已泄流；

17:00，“9・5”泸定地震抗震救灾省市（州）县前线联合指挥部在雅安市石棉县召开第三次新闻发布会发布会；

泸定县召开防地灾紧急调度会。

（四）9月8日

灾损评估组开始工作；

山体垮塌，可能形成堰塞湖；

9月8日晚，“9・5”泸定地震抗震救灾省市（州）县前线联合指挥部在雅安市石棉县召开第四次新闻发布会发布会。

（五）9月10日

9:00，技术保障组召开加密会商会，密切关注地球物理场的变化；下午，“9・5”泸定地震抗震救灾省市（州）县前线联合指挥部在四川省雅安市石棉县召开第五次新闻发布会；

泸定县、海螺沟片区启动4个新建安置点板房建设。

（六）9月11日

上午，“9・5”泸定地震抗震救灾省市（州）县前线联合指挥部召开新闻通气会，发布“四川泸定6.8级地震烈度图”。

（七）9月12日

"9 · 5"泸定地震抗震救灾省市（州）县前线联合指挥部召开第六场新闻发布会。会上宣布按照地震响应终止的相关规定，经省委、省政府同意，省抗震救灾指挥部决定从2022年9月12日18时起，终止省级地震一级应急响应，应急救援阶段转入过渡安置及恢复重建；

12:52，举行"深切悼念9 · 5泸定6.8级地震遇难同胞"仪式；

18:00，终止省级一级响应（见图附-1）。

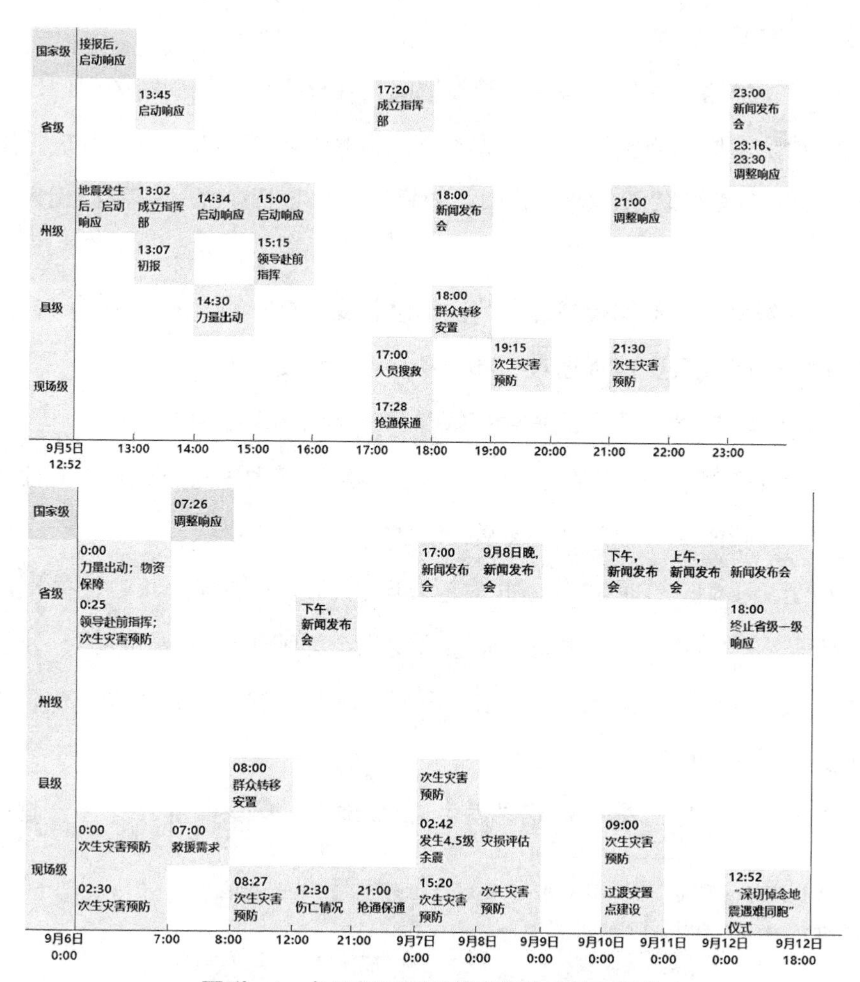

图附-1　各层级不同时间应急响应情况概览

五、“9 · 5”泸定地震系列新闻发布会梳理

（一）甘孜州人民政府新闻办通报甘孜州泸定县6.8级地震相关情况[①]

9月5日下午，甘孜州人民政府新闻办举行新闻发布会，通报泸定6.8级地震相关情况。目前地震已造成泸定县死亡4人、海螺沟管理局死亡3人。

甘孜州抗震救灾指挥部立即启动Ⅱ级应急响应，迅速启动应急预案、组织力量了解灾情，做好人员抢救、伤员救治工作，防止发生余震和山体滑坡、堰塞湖等灾害，做好受灾群众安置。

目前，道路、通信、房屋等受损情况正在核查中；州级相关部门已派出武警消防、医疗救治、通信电力、交通保畅等救援力量635人开展抢险工作。300名救援队伍已到达震中，救援通道已抢通一条，已派出无人机侦查，个别房屋有受损情况。

据雅安市抗震救灾指挥部办公室消息，受地震影响，截至18时17分，已造成雅安市石棉县14人遇难，部分乡镇不同程度受灾。

（二）省市（州）县前线联合指挥部第一次新闻发布会[②]

9月5日23时，四川省“9 · 5”泸定地震抗震救灾省市（州）县前线联合指挥部新闻发布会在泸定县磨西镇举行。

截至9月5日20时30分，此次地震已造成46人遇难（其中甘孜州29人、雅安市17人）、16人失联、50余人受伤，详细伤亡情况还在进一步统计中。发布会现场，向所有遇难者表示沉痛哀悼，向所有遇难者家属、受伤人员表示深切慰问。

9月5日12时52分，泸定县发生6.8级地震，震源深度16千米。据介

① 泸定6.8级地震已致多人遇难，震后画面曝光，省长赶赴灾区［EB/OL］. 上观，https://export.shobserver.com/baijiahao/html/525067.html.

② 泸定6.8级地震已致46人遇难 四川启动一级地震应急响应抗震救灾［EB/OL］. 封面新闻，https://baijiahao.baidu.com/s?id=1743153512095085026&wfr=spider&for=pc.

绍，地震发生后，四川省委、省政府立即启动一级地震应急响应，组织各成员单位集结力量资源投入抗震救灾，解放军和武警部队、消防救援、森林消防、应急等救援力量第一时间赶到灾区开展抢险救援，立即成立省市（州）县前线联合指挥部，统筹指挥抗震救灾工作。

1.地震灾情情况

根据四川省地震局分析，本次地震为走滑型地震，震中距离鲜水河断裂约4千米。截至5日20时，共发生3.0级及以上余震6次，其中4.2级1次、3.0~3.9级5次。

道路受损情况：经初步排查，G318、G108、S217线受损阻断，目前正在抓紧抢通。震区附近农村公路受损严重，G351、S432、S434线等国省干线畅通。

通信受损情况：地震累计造成退服基站289个，累计光缆受损55千米，通信中断业务影响人数3.5万户，已抢通恢复基站7个，无通信全阻乡镇。

电力受损情况：本次地震造成部分500千伏、220千伏、110千伏、30千伏、10千伏线路跳闸和110千伏、35千伏变电站受损停运，43158户用户停电。截至目前，部分线路、变电站已恢复。

房屋倒损和其他行业受损情况正在进一步排查统计中，山体滑坡情况也正在进一步摸排统计中。

2.抗震救灾进展

地震发生后，各方力量迅速开展人员搜救和安置。全省680个高速公路收费站开启应急通道708条，雅康高速泸定收费站和雅西高速石棉站已全部开启应急专用通道。截至9月5日18时，累计出动解放军和武警部队、消防救援、森林消防、安能集团、安全生产、通信电力、医疗救援等各类救援力量6500余人，调集4架直升机、2架无人机前往灾区开展空中救援及灾情侦察工作。在前期向甘孜州前置救灾物资5.1万件基础上，再次申请调配中央、省级救灾帐篷3400顶、棉被12000床、折叠床12000张支援灾区，应急管理部、财政部紧急预拨抗震救灾资金5000万元，四川省财政厅紧急向甘孜州专调资金5000万元。

与此同时，积极抢修抢通基础设施。公安出动警力3000余人次开展交通组织、社会管控工作。交通部门组织出动大型机具120台投入道路抢通工作，组织震区周边市（州）准备应急支援货车200辆、客车100辆。雅安、甘孜电力公司投入抢修力量832人、202车，通信行业出动抢修人员241名、应急车辆83台、发电油机163台、卫星电话25部、应急通信车3辆。紧急调度“大型高空全网应急通信无人机”赶赴震中上空建立“空中基站”，为抢险救灾指挥和受灾群众提供通信保障服务。

此外，第一时间组织力量及时转移安置受灾群众。截至新闻发布会召开，甘孜州（主要是泸定县）、雅安市（主要是石棉县）共临时避险转移安置5万余人。

3.向公众呼吁

截至当前，通往震中公路存在多处阻断，人员搜救正在进行，震情形势尚未稳定，灾区正在组织力量开展灾情核查和安全隐患排查评估工作。前线联合指挥部呼吁，请各地社会组织和志愿者队伍严格遵守防疫要求，不要自行前往灾区。下一步，指挥部将全力组织力量抢救伤员、全力开展人员搜救和灾情核查，及时调拨运送救灾物资，做好群众转移避险和临时安置，深入开展灾害隐患排查整治，协助灾区尽早恢复生产生活秩序。

（三）省市（州）县前线联合指挥部第二次新闻发布会[①]

9月6日下午，四川省“9·5”泸定6.8级地震抗震救灾省市（州）县

① 四川省“9·5”泸定地震已造成66人遇难，前线联合指挥部召开第二次发布会［EB/OL］.新民晚报网，https://baijiahao.baidu.com/s?id=1743210698458085408&wfr=spider&for=pc.

前线联合指挥部第二场新闻发布会召开。

截至6日14时，地震已造成66人遇难（其中甘孜藏族自治州38人、雅安市28人）、15人失联、253人受伤（其中危重伤5人、重伤70人）。目前，国家有关部委、省级相关部门、受灾市（州）和县迅速行动，各类救援力量紧急驰援，灾区干部群众守望相助，抗震救灾各项工作正在紧张开展中。

1.地震灾情情况

余震情况：截至6日10时，共发生3.0级及以上余震10次，其中4.2级1次、3.0~3.9级9次。

道路受损情况：累计核查各级公路12031千米，桥梁、隧道、边坡、涵洞等点位6121处；目前高速公路全线通畅，S217线、S434线多处断道，农村公路阻断15条，已抢通4条。

通信受损情况：截至9月6日7时，地震共造成累计退服基站334个，累计抢通恢复基站77个；累计光缆受损134千米，累计抢通光缆29千米；通信中断业务影响人数1.6万户。

电力受损情况：截至6日7时，已恢复2座110千伏变电站、2座35千伏变电站、1条500千伏线路、3条110千伏线路、2条35千伏线路、27条10千伏线路、278个台区、21922户用户。

堰塞湖情况：大渡河一级支流湾东河出现断流，形成堰塞湖。目前已有较大自然泄流，风险总体可控，受威胁群众已进行疏散转移。

房屋倒塌和财产损失情况还在进一步统计中。

2.抗震救灾进展

截至9月6日8时，累计出动解放军和武警部队、消防救援、森林消防、安能集团、安全生产、交通通信电力、医疗救援等各类救援力量6650余人、9架直升机。其中，泸定方向派出3850余人、4架直升机，石棉方向派出2800余人、5架直升机，另有4架直升机待命准备。

受伤人员中，经医院救治175人。组织国家、省级医疗救援队6支开展现场医疗救援工作，华西医院、省医院、省骨科医院、西南医科大学附属医院等对口参与、指导灾区医院救治伤员，并及时开展远程会诊，确保伤员救治效果。调派16名公卫专家指导灾区疫情防控和饮用水监测，成立泸定、石棉新冠疫情防控组，全覆盖开展核酸检测。

截至目前，灾区受灾群众已全部得到转移安置。团省委联合应急厅建立省、市、县三级“9·5”泸定地震志愿者和社会组织协调中心，开展应急志愿服务工作。

省财政在5日向甘孜州专调5000万元基础上，向雅安市紧急专调资金5000万元，向甘孜州、雅安市紧急下达地震次生地质灾害应急处置资金2000万元、省级地质灾害防治补助资金2000万元。应急厅调拨省级救灾物资83580件，红十字会调拨救灾物资5620件，支持灾区救助安置工作。

交通系统派出抢险救援队伍19支、734人次，挖掘机、装载机等救援机具设备169台班，储备客货运车辆936台。国网四川省电力公司共投入应急抢险人员1319人、发电机109台、发电车8辆、充电方舱2台、应急照明设备67套。通信行业出动抢修人员1040名、卫星电话102部、应急通信车22辆。9月6日0时起飞第二架次大型高空全网应急通信无人机，2时飞抵甘孜州得妥镇，接入2155名用户并发送提醒短信。

泸定县共初步排查农房7000余户、市政道路20条、桥梁7座、其他设施场所18处；石棉县共初步排查房屋建筑330栋、市政道路40千米、桥梁10座、管网38千米、其他设施场所39处。省地质灾害指挥部启动省级地质灾害二级应急响应，投入448人、无人机等其他装备146台（套）开展地质灾害隐患排查。经对水源地、污水厂等重点场所开展生态环境排查，未发现环境安全问题。

商务部门已启动应急机制，做好生活必需品应急支援准备，市场监管部门加强监控监管，引导企业商家配合抗震救灾。目前甘孜、雅安各地生活必需品市场运行总体平稳，供应充足、秩序良好。全省成品油供应充足，甘孜、雅安供应正常。全省天然气生产、供应未受到影响，有关企业已开展应急救援保供工作。

据统计，城乡居民住宅地震保险在甘孜州共计承保72321户，保险金额16.31亿元，其中泸定县承保4111户，保险金额1.08亿元；康定市承保4365户，保险金额1.28亿元；雅安市石棉县承保2607户，保险金额6624万元。四川银保监局已要求各保险机构立即启动理赔快速响应机制，确保应赔尽赔快赔。

（四）省市（州）县前线联合指挥部第三次新闻发布会[①]

9月7日17时，四川省"9 · 5"泸定6.8级地震抗震救灾省市（州）县前线联合指挥部第三场新闻发布会在雅安市石棉县召开，会议通报了"9 · 5"四川泸定6.8级地震救灾进展情况。

截至7日14时，地震已造成74人遇难（其中甘孜州40人、雅安市34人）、35人失联（其中甘孜州14人、雅安市21人）、270余人受伤。发布会上，应急管理厅相关负责人围绕争分夺秒搜救人员、妥善安置受灾群众、抢修保障通信需求、抢通保通救援通道等方面介绍了"9 · 5"泸定县6.8级地震抗震救灾进展情况，并现场回答记者提问。

受灾群众安置情况，目前灾区共设置安置点124个，集中安置2万余人，其中，甘孜州设置安置点44个、集中安置1.7万余人，雅安市设安置点80个、集中安置0.5万余人。9月5日—6日，从康定、泸定、成都调运79吨生活物资运抵磨西镇，向泸定县调配54座移动厕所、300个大型垃圾

① 泸定地震已致74人遇难　集中安置2万余人［EB/OL］. 四川新闻网，http://scnews.newssc.org/system/20220907/001297255.html.

桶。目前，甘孜、雅安两地主要生活必需品供应充足，市场价格基本平稳。

道路受损情况，S434线昨日已全线抢通，S217线仅剩石棉界至王岗坪段19千米未抢通。累计排查农村公路阻断24条，已抢通9条；其中雅安市农村公路阻断9条，已抢通4条，3个乡镇通行受影响。

通信受损情况，截至7日11时，地震共造成累计退服基站367个，抢通恢复基站182个（其中泸定123个、石棉59个）；累计光缆受损309千米，抢通178千米，影响用户1.4万余人。

电力受损情况，新恢复1座110千伏变电站、1条35千伏线路、8条10千伏线路、3800余户用电。剩余2座110千伏变电站、2座35千伏变电站、2条110千伏线路、6条35千伏线路、11条10千伏线路正在抢修中。

截至7日8时，累计出动解放军和武警部队、公安特警、消防救援、森林消防、应急安全生产、医疗救援、交通通信电力等各类救援力量10058人、直升机9架（其中雅安方向3600余人，直升机5架）。各类救援队伍坚持人民至上、生命至上，正在全力抢抓“黄金救援72小时”分区组织搜救，逐村逐户开展拉网式排查，确保不漏一户、不漏一人。

目前，组织投入国家、省级医疗救援队8支、卫生防疫队3支，医院收治伤员246人，目前在院治疗147人。雅安市收治87人，目前在院治疗46人，分别在雅安市人民医院、石棉县人民医院和石棉县中医医院救治。雅安市已设置3个传染病监测点，已累计对救援人员、受灾群众完成核酸检测3617人次。

学校方面，截至7日11时，甘孜州、雅安市全部完成956所学校（含幼儿园）排查工作，有824所学校正常开学，其中37所学校因不同程度受损或道路中断等原因暂停教学，涉及学生1.6万余人，甘孜州有95所学校因疫情防控未开学。石棉县2万余名学生及1000余名教职工在震后1分钟内全部安全撤离，无一人伤亡。

房屋建筑评估方面，紧急抽调住建专家293人开展房屋建筑与市政基础设施应急评估工作。截至6日20时，累计排查房屋建筑202941栋，市政道路管网1306千米，其他市政实施135处；累计完成安全应急评估6954栋。石棉县排查房屋建筑48341栋，安全应急评估5709栋，其中，可用4991栋、限用331栋、禁用387栋。

（五）省市（州）县前线联合指挥部第四次新闻发布会[①②]

9月8日晚，四川省"9・5"泸定6.8级地震抗震救灾省市（州）县前线联合指挥部第四场新闻发布会在四川省雅安市召开，会议通报了"9・5"泸定县6.8级地震抗震救灾进展情况，并现场回答记者提问。

截至8日12时，地震已造成86人遇难（泸定县50人、石棉县36人）、35人失联、400余人受伤（其中危重伤13人、重伤39人），目前在院治疗250余人。经过近79小时的紧急救援，目前抗震救灾工作仍有力有序有效进行。因道路受损严重和地质灾害影响，再加上降雨影响，部分乡村救援任务异常艰巨，救援队伍将秉承人民需要、使命必达的决心，努力克服重重困难，确保救援区域全覆盖。

在全力排查防范次生灾害方面，累计复核在册的和已销号的地质灾害隐患点3330处，排查新增隐患点195处。排查水利工程5643处（座），不同程度受损387处（座），未出现较大险情。派出交通抢险救援队伍2882人次，调派挖掘机、应急动力舟桥等救援机具设备690台班，累计抢通125处阻断点。截至8日11时，除S217线桃坝至石棉界约17千米正在抓紧抢通外，其余国省干线全线畅通。

---

① 四川省"9・5"泸定6.8级地震省市（州）县前线联合指挥部第五场新闻发布会召开[EB/OL].雅安市广播电视台网，https://m.wuxianyaan.com/cms/content/38183330.

② 泸定地震72小时后，上万救援人员仍在争分夺秒[EB/OL].环球卫视，https://cnhqtv.cn/news/gnxw/2046.html.

余震方面，截至8日16时，共发生3.0级及以上余震16次，其中4.5级、4.2级各1次，3.0~3.9级14次。

房屋受损方面，截至8日7时，地震已造成10万人受灾，倒塌房屋103户432间，严重损坏房屋743户4533间，一般损坏房屋7826户47575间。石棉县草科乡、王岗坪乡等主要受灾地区仍在核查统计中，不包含在上述数据内。

现在，灾区救灾物资充足，群众基本生活得到保障，正全力排查防范次生灾害，积极恢复正常社会秩序。

（六）省市（州）县前线联合指挥部第五次新闻发布会①②③

9月10日下午，四川省“9·5”泸定6.8级地震抗震救灾省市（州）县前线联合指挥部第五场新闻发布会在四川省雅安市石棉县召开。会议通报了“9·5”泸定县6.8级地震抗震救灾进展情况，并现场回答记者提问。

截至10日14时，地震已造成88人遇难（泸定县50人、石棉县38人）、30人失联（泸定县14人、石棉县16人）、医院救治伤员420余人（其中危重伤10人、重伤39人），目前在院治疗260余人。

本次地震造成的遇难和失联人员中，81.4%的人员为山体崩垮、滑坡、滚石等所致，18.6%的人员为房屋倒垮所致。地震还导致11余万人受灾，5万余间房屋损坏，道路、通信、电力、水利等基础设施不同程度受损，诱发多处滑坡、崩塌、堰塞湖等次生灾害。目前，各项抗震救灾工作仍在紧张进行中。

---

① 四川泸定地震救灾工作持续开展　妥善安置受灾群众 全力以赴抢通保畅［EB/OL］. 四川省人民政府网，https://www.sc.gov.cn/10462/10778/10876/2022/9/11/694ccd0516154b8fa0e548a93be2c86a.shtml.

② 截至9月10日14时 泸定地震已致88人遇难30人失联［EB/OL］. 四川新闻网，http://scnews.newssc.org/system/20220910/001298159.html.

③ 泸定地震造成192处供水工程受损　多举措保障居民放心饮水［EB/OL］. 四川新闻网，http://scnews.newssc.org/system/20220910/001298171.html.

救援方面，始终坚持人民至上、生命至上，把抢救生命作为首要任务，累计出动解放军和武警部队、消防救援、森林消防、公安特警、安能集团、应急安全生产、航空救援、社会应急救援、医疗卫生等各类救援力量1万余人，分区分组开展4轮拉网式排查，调用"彩虹-4"等各类无人机开展空中侦察，累计搜救被困群众650余人，转移避险群众6万余人。调度11架直升机飞行160架次，组织7艘船艇开行141航次，从空中、水路转运伤员群众、救援队伍2800余人次。对于30名失联人员，安排救援队伍开展"一对一"摸排。全力做好伤员救治，调集华西医院、省医院等最好的专家团队，制定"一对一"救治方案，尽最大可能抢救生命，最大限度避免伤残。

群众安置救助方面，省减灾委启动省级灾害救助一级响应，中央财政、省财政累计下拨救灾资金3亿元，累计调拨各类救灾物资11万件（套），设置安置点125个、集中安置1.7万余人，调运生活必需品186吨，出动应急供水救援车7台，对家庭经济困难学生启动临时困难补助帮扶，全力做好临时过渡安置。加强灾区食品安全检测和市场价格监管，定期做好卫生消杀、安全巡查，在泸定、石棉开展全员核酸检测，强化灾后新冠疫情防控。

保障居民放心饮水方面，为保障受灾群众饮水，在全省范围调集专家和技术力量驰援震区，开展供水排查和抢险恢复工作，27支专业队伍分批赴震区开展供水工程抢修和应急保障工作。分类解决震区供水问题，通过抢修管道设施恢复供水33423人，延伸管道新辟水源解决11160人，集中安置点安置解决了36829人饮水问题；对暂未通水的2551人，采取送水（瓶装水）解决，正在开展管网抢修工作。目前震区群众饮用水能够得到基本保障。此外，做好供水安全管理。加强水厂净化消毒处理，保障水质安全。对安集中置点和分散农户供水，指导各地发放使用消毒药剂，做好安全用水宣传工作，引导群众烧开水饮用，不喝生水，配合卫生健康部门做好水质监测，确保饮水安全。

目前，雅安市有922处山洪灾害危险区（其中震区石棉县有73处、天全县有166处、荥经县有135处、汉源县126处），雅安市现有38座水利水库（石棉县0座、天全县3座、荥经县0座、汉源县3座）；甘孜州现有山洪灾害危险区2654处（其中震区康定市有222处、泸定县有72处），甘孜州现有水利水库1座（水库位于得荣，震区无水库）。

地震发生后，雅安市、甘孜州立即组织专业技术队伍对地震波及重点县开展山洪灾害危险区、水利水库震损情况全覆盖排查。截至目前，雅安市石棉县有12处山洪灾害危险区风险等级提高，其他3个县正在进一步排查评估。甘孜州目前正在加紧开展泸定震区及周边乡镇山洪灾害危险区排查工作。山洪灾害高危险区受威胁群众已全部转移。

市（州）、县已建立完善山洪灾害区台账，严格落实行政、监测巡查及预警转移三个责任人，同步确定累计1小时、2小时、3小时的“准备转移”及“立即转移”雨量预警指标。严格落实“三个避让”和“三个紧急撤离”刚性要求，督促震区做好山洪、泥石流等次生灾害防范应对工作，严格落实直达基层一线责任人的临灾“叫应”“喊醒”机制，继续开展震区堰塞湖、山洪灾害危险区、河道壅塞等隐患排查，进一步摸清风险底数，及时消除隐患。

经初步排查，雅安市汉源县2座水库出现轻微损坏，目前不影响安全运行，水库管理单位已采取降低水位运行，同时加强监测，下一步将进一步排查，对震损水库进行安全鉴定并按照鉴定结论开展震损修复工作。同时，水利部门高度重视电站水库安全运行情况，已联系电站水库主管单位，就防汛调度方面提出降低水位运行要求，增加巡查频次并建立巡查台账，并要求电站水库主管单位务必做到“电调服从水调、水调服从洪调”，及时上报异常情况。

抢通保通保畅方面，中央和省财政下达资金9500万元，支持灾区做好公路应急抢险保通工作。继续做好灾区交通管制和绿色通道保障，设置远、近端分流管制点16处，劝返各类社会车辆5000余辆。投入交通抢险队伍3844人次、电力抢险队伍2655人次、通信抢修队伍5589人次，除S217线仅剩桃坝至石棉界约8千米仍在抓紧抢通外，震区国省干线基本全线畅通；抢通恢复基站281个、受损光缆471千米，乡镇通信全面恢复，村组通信基本恢复；抢修恢复变电站8座、输电线路60条，恢复供电37600余户。

排查安全隐患方面，安全应急评估城镇农村房屋建筑16052栋、市政道路55千米、市政设施48处，泸定县应急评估工作已基本完成。全面开展地质灾害隐患排查工作，在完成首轮全覆盖排查基础上，继续组织力量开展多轮次排查评估，对195处新增地质灾害隐患逐一落实防范措施。排查水利工程6384处，其中，水库电站1969座、重点供水工程2596处，已对558处受损工程开展应急处置。据近日现场观测，湾东河部分堰塞体已被冲开，湾东河河口汇入大渡河流量恢复正常，堰塞湖风险已基本解除。

恢复社会秩序方面，尊重生命、尊重逝者、尊重民族习俗，用心用情做好遇难人员善后工作，地方党委、政府制定"一人一专班"工作方案，妥善做好人员身份信息核实认定和安葬后续工作，对因灾遇难人员家属、受伤人员开展抚慰和心理疏导。开通多条捐赠渠道，有序引导接收社会捐赠，提前谋划好捐赠资金、物品的使用，让捐赠人放心。在震区架设台站加密监测，积极开展科普宣传。公安机关在各集中安置点设置帐篷警务室，巡逻守护重点区域1100余次，组织开展涉灾违法犯罪打击行动，积极维护灾区社会秩序稳定。

（七）省市（州）县前线联合指挥部新闻通气会①

9月11日上午，“9・5”泸定地震抗震救灾省市（州）县前线联合指挥部召开“四川泸定6.8级地震烈度图”新闻通气会，应急管理部正式发布泸定6.8级地震烈度图。

地震发生后，应急管理部中国地震局地震现场工作队依照《地震现场工作：调查规范》（GB/T 18208.3-2011）、《中国地震烈度表》（GB/T 17742-2020），对灾区200个调查点展开了实地震害调查，并充分参考震区断裂构造、仪器烈度、余震分布、震源机制、无人机遥感等科技支撑成果，结合强震动观测记录，确定了此次地震的烈度分布，完成了“四川泸定6.8级地震烈度图”编制工作，并正式向社会发布。

四川泸定地震最高烈度为Ⅸ度（9度），等震线长轴呈北西走向，长轴195千米，短轴112千米，Ⅵ度（6度）区及以上面积19089平方千米，共涉及四川省3个市（州）12个县（市、区），82个乡镇（街道）。

泸定地震的突出特点是地震引发的地质灾害多且极其严重，造成大量人员伤亡、房屋建筑和基础设施受损，道路、通信、供水供电等生命线多处中断。专家一致认为，在地质灾害多发地区要进一步加强防范措施和防范意识。

（八）省市（州）县前线联合指挥部第六次新闻发布会②③

9月12日，“9・5”泸定地震抗震救灾省市（州）县前线联合指挥部召开第六场新闻发布会。

截至12日14时，地震已造成93人遇难（其中泸定县55人、石棉县38

---

① 最高烈度9度　应急管理部发布四川泸定6.8级地震烈度图［EB/OL］.四川省人民政府网，https://www.sc.gov.cn/10462/10778/10876/2022/9/11/46118b781311403da61fb0e3980e8d2b.shtml.

② 宋豪新.四川举行活动深切哀悼泸定地震遇难同胞［N］.人民日报，2022-9-13.

③ 9月12日18时起　四川省终止地震一级应急响应［EB/OL］.四川省人民政府网，https://www.sc.gov.cn/10462/10464/10797/2022/9/12/893856db69fe47baa868df2b77050a92.shtml.

人），还造成25人失联（其中泸定县9人、石棉县16人），医院救治伤员420余人（其中危重伤5人、重伤39人）。

目前，已对灾区开展多轮人员排查搜救，受灾群众基本得到妥善转移安置，群众基本生活得到较好保障，大部分交通、电力、通信等基础设施得到恢复，已开展地震次生灾害排查处置。总体上看，灾区各项秩序正逐步恢复正常。

按照地震响应终止的相关规定，经省委、省政府同意，省抗震救灾指挥部决定从2022年9月12日18时起，终止省级地震一级应急响应，应急救援阶段转入过渡安置及恢复重建阶段。

下一步，受灾市（州）政府要进一步落实属地主体责任，省直相关部门要加强指导帮扶，全力做好后续工作。一是全力抢救地震重症伤员，千方百计减少因伤致亡致残人员数量。同时，继续对重点地区加强排查，积极搜寻失联人员。二是妥善做好群众临时过渡安置，继续做好生活物资保供，提前谋划冬春救助工作。三是按照"先通后畅、逐步恢复"的原则，全力修复道路、电力、水利、通信等震损基础设施。四是做好地质灾害隐患排查和房屋设施安全鉴定，加强地震、气象、水文监测预警，及时组织受威胁人员转移，坚决避免二次灾害造成的人员伤亡。五是加快推进灾害损失综合评估，鼓励帮助群众开展生产自救，科学规划灾后重建。